L'ENSEIGNEMENT

PROFESSIONNEL

DU MENUISIER

PARIS

IMPRIMERIE LITHOGRAPHIQUE A. DELAMOTTE

8, BOULEVARD DE VAUGIRARD, 8

L'ENSEIGNEMENT

PROFESSIONNEL

DU MENUISIER

PAR

LÉON JAMIN

ANCIEN MENUISIER, ANCIEN CHEF D'ATELIER, ANCIEN COLLABORATEUR AU *BOUHO*
PROFESSEUR DE MENUISERIE ET DE TRAIT

« A une période nouvelle, il faut des livres nouveaux. »
R. MUELPE, *Géographie universelle.*

TOME PREMIER

PARIS

BIBLIOTHÈQUE DE L'ENSEIGNEMENT PROFESSIONNEL

24, RUE JEAN-DE-BEAUVAIS, 24

—

1894

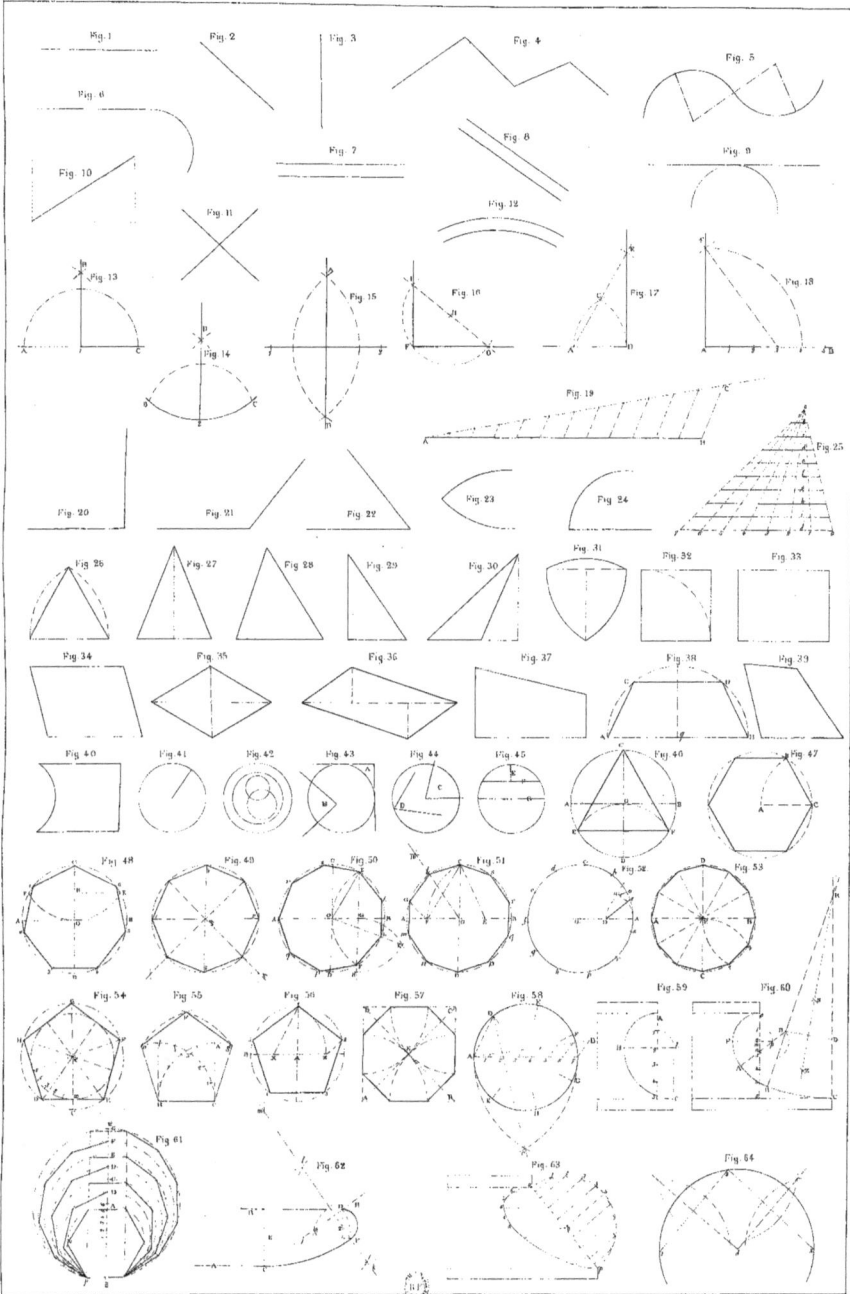

ÉLÉMENTS DE GÉOMÉTRIE DESCRIPTIVE

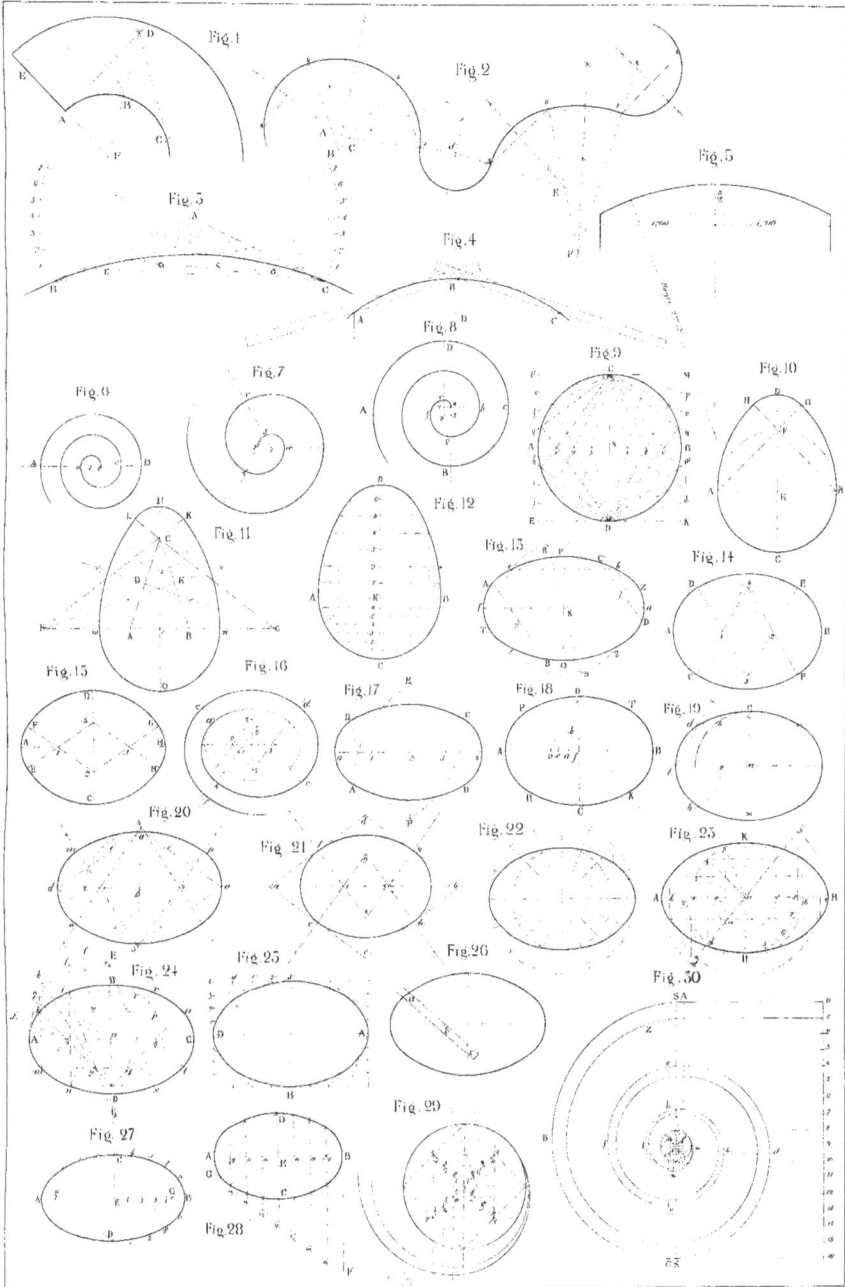

ÉLÉMENTS DE GÉOMÉTRIE DESCRIPTIVE

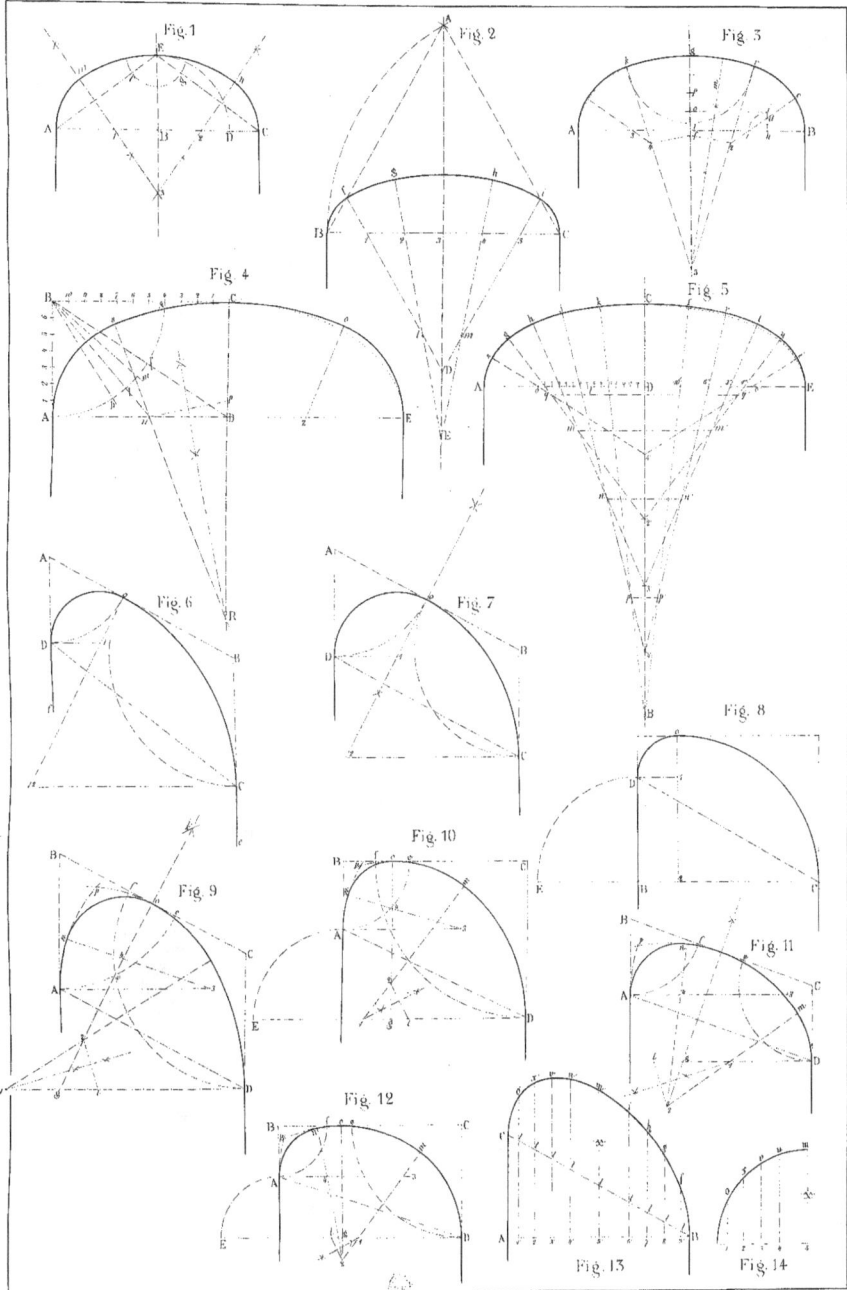

L. Jamin del.   Imp. A. DELAHAYE, r. M. de Vaugirard, Paris.   E. Prid sc.

ÉLÉMENTS DE GÉOMÉTRIE DESCRIPTIVE. COURBES EN ANSES DE PANIER ET ARCS RAMPANTS

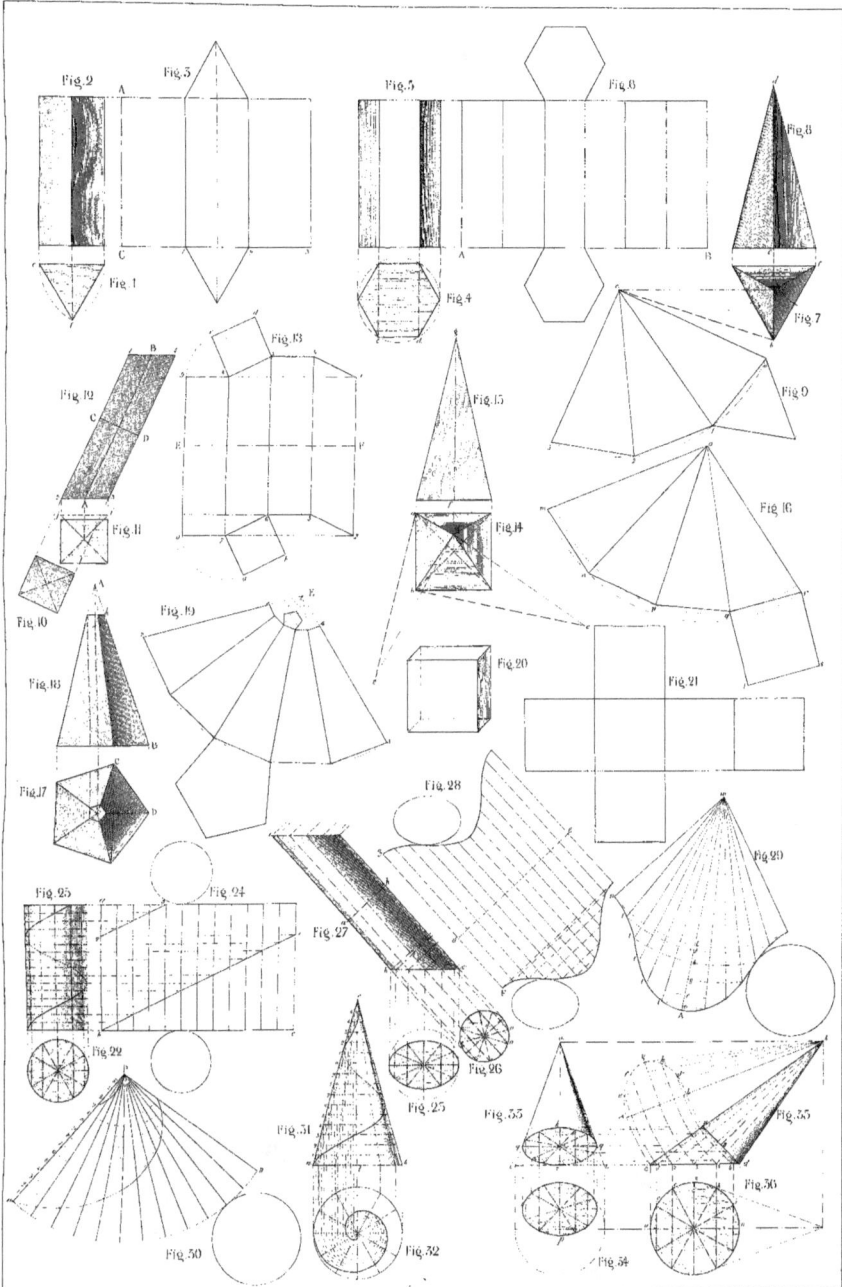

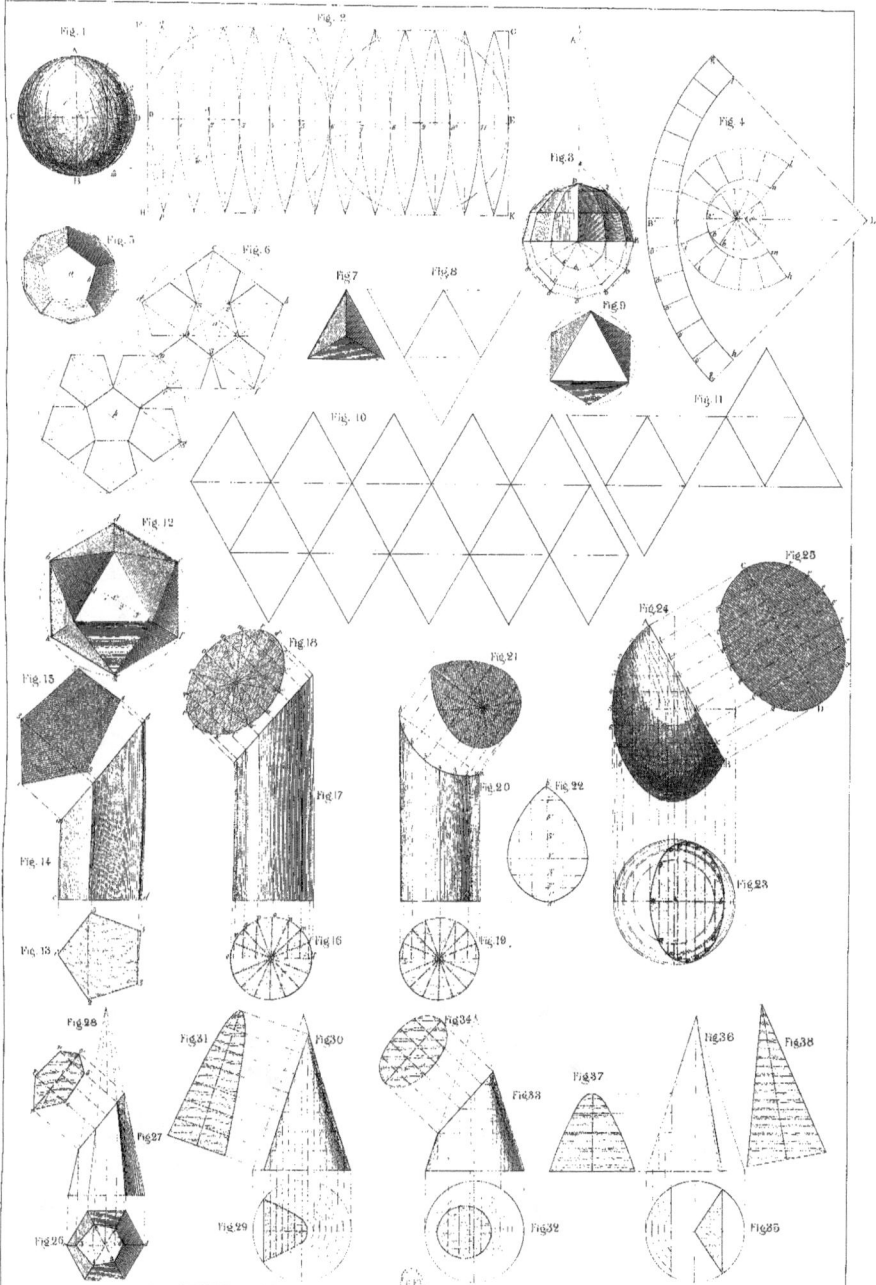

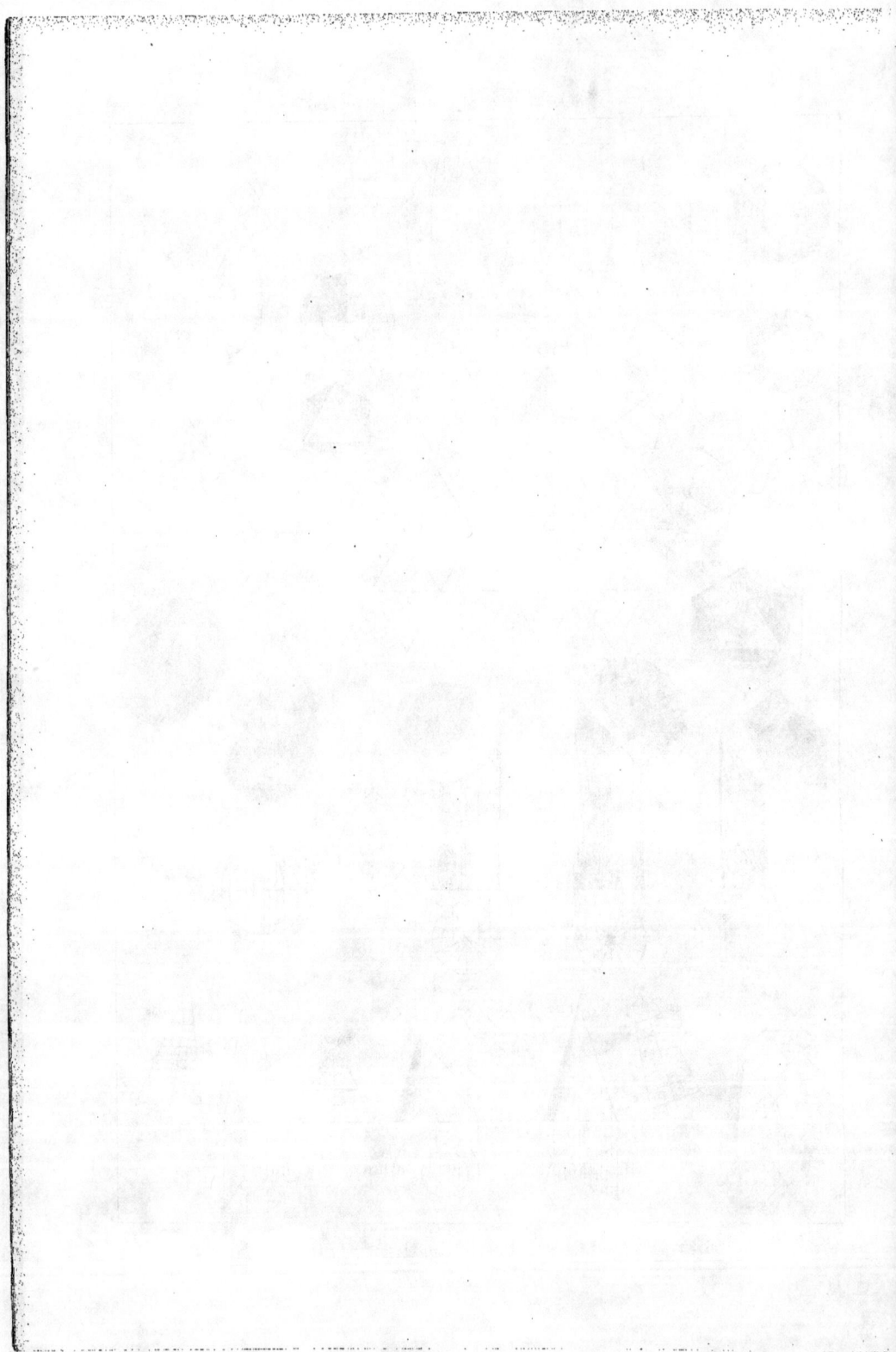

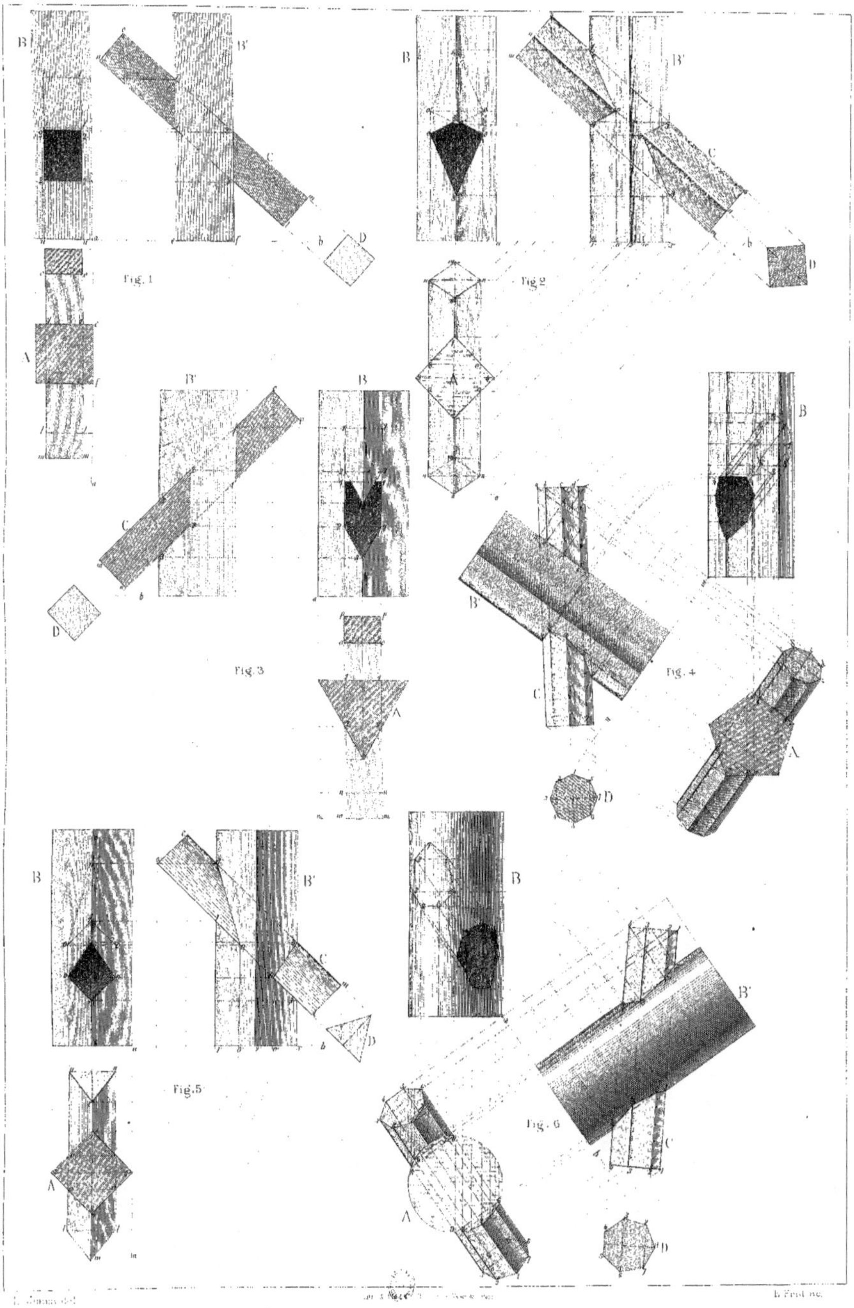

Fig.1

Fig.2

Fig.3

Fig.4

Fig.5

Fig.6

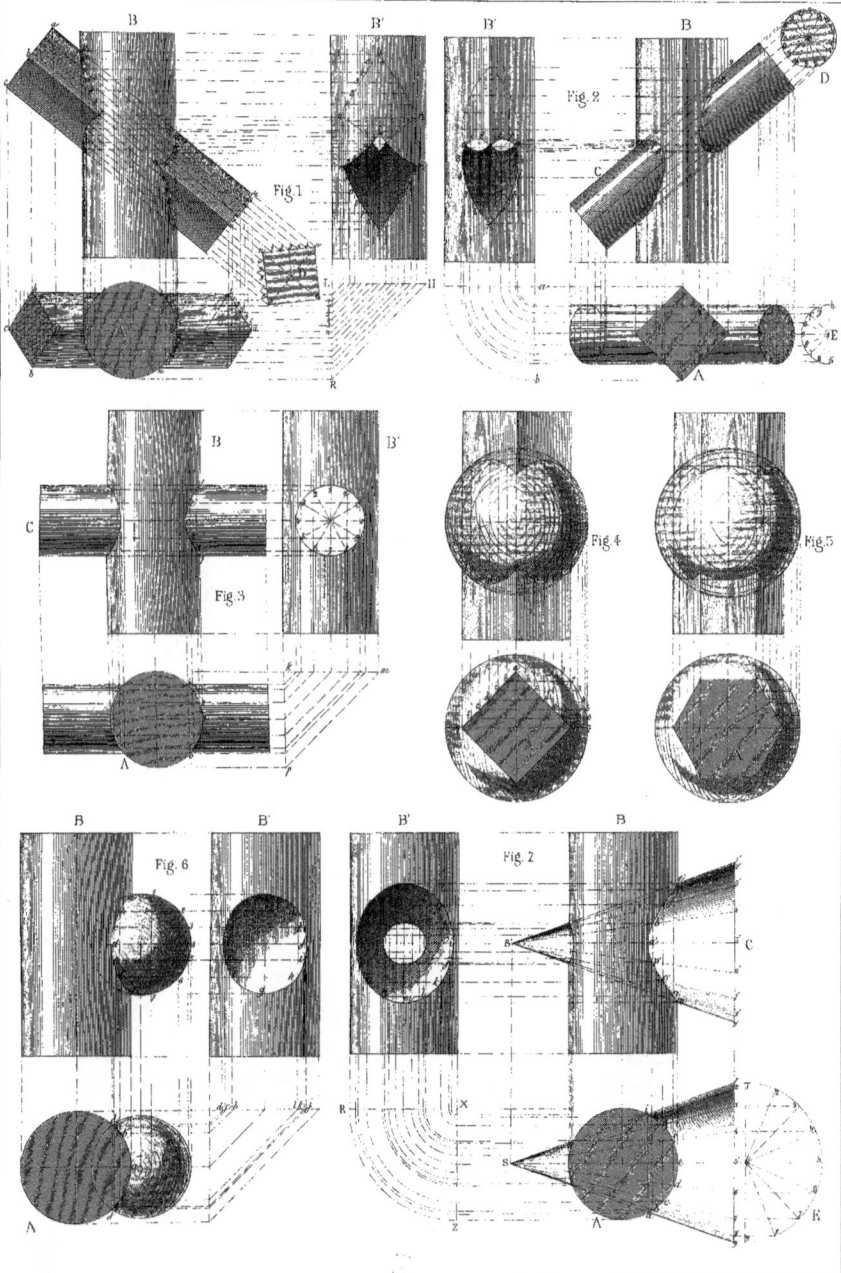

GÉOMÉTRIE DESCRIPTIVE PÉNÉTRATIONS DES CORPS

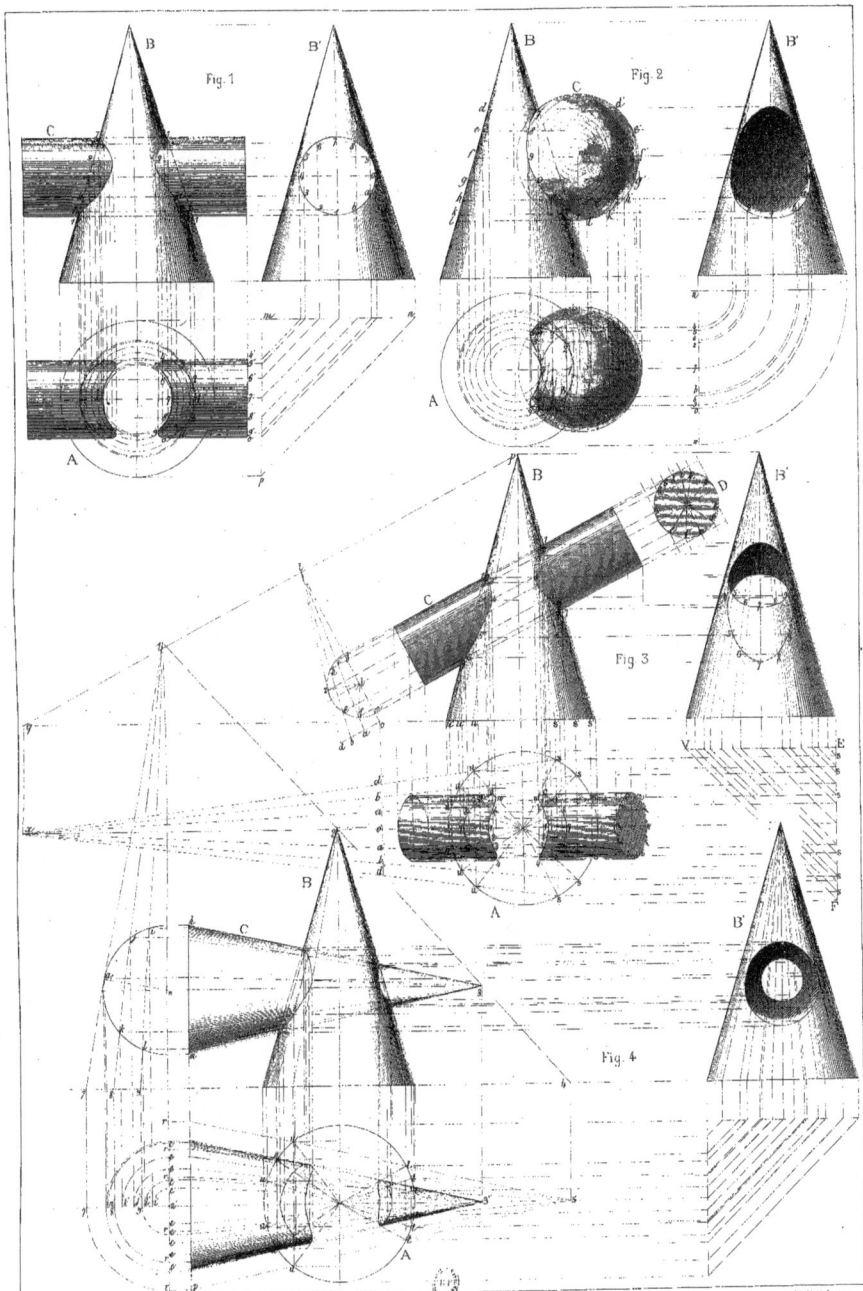

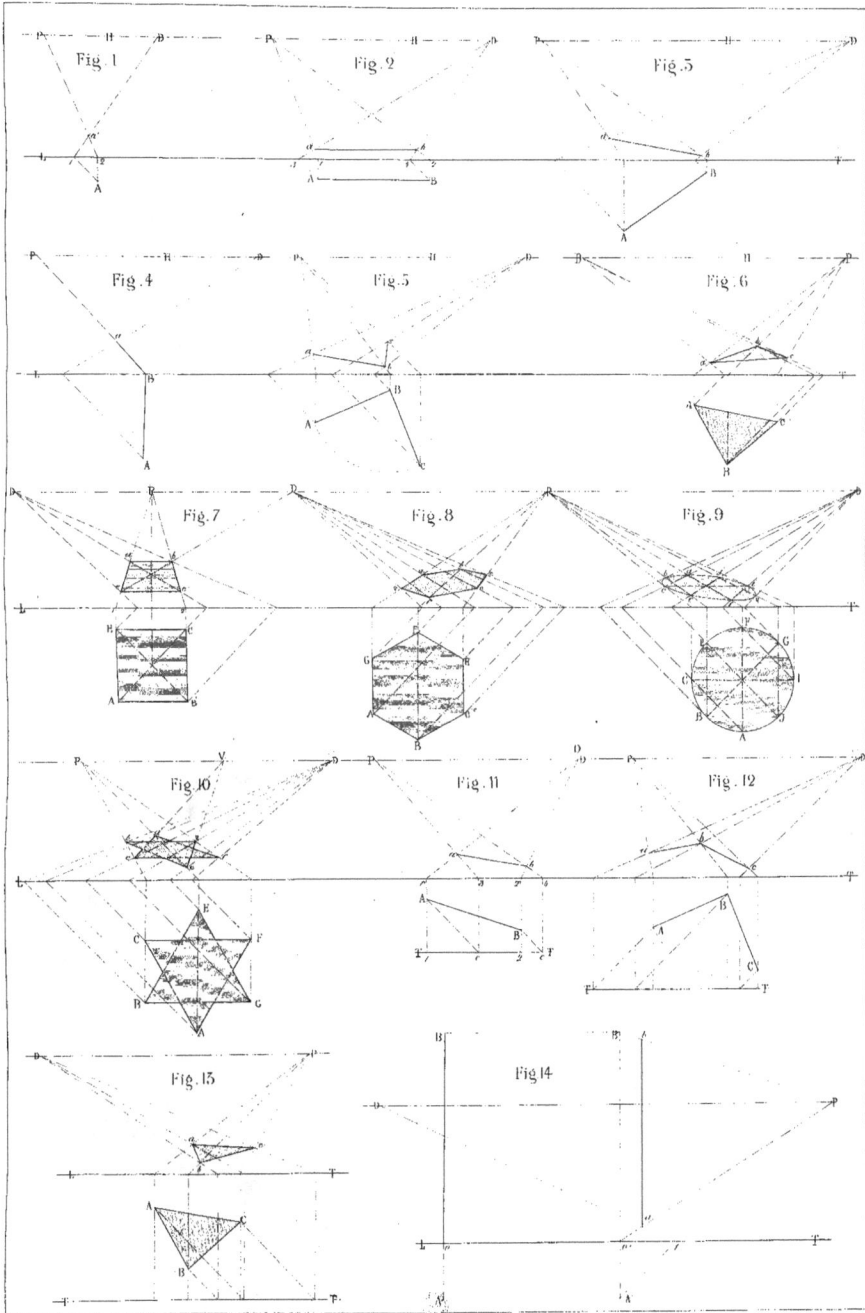

Fig.1   Fig.2   Fig.3
Fig.4   Fig.5   Fig.6
Fig.7   Fig.8   Fig.9
Fig.10   Fig.11   Fig.12
Fig.13   Fig.14

ÉLEMENTS DE PERSPECTIVE

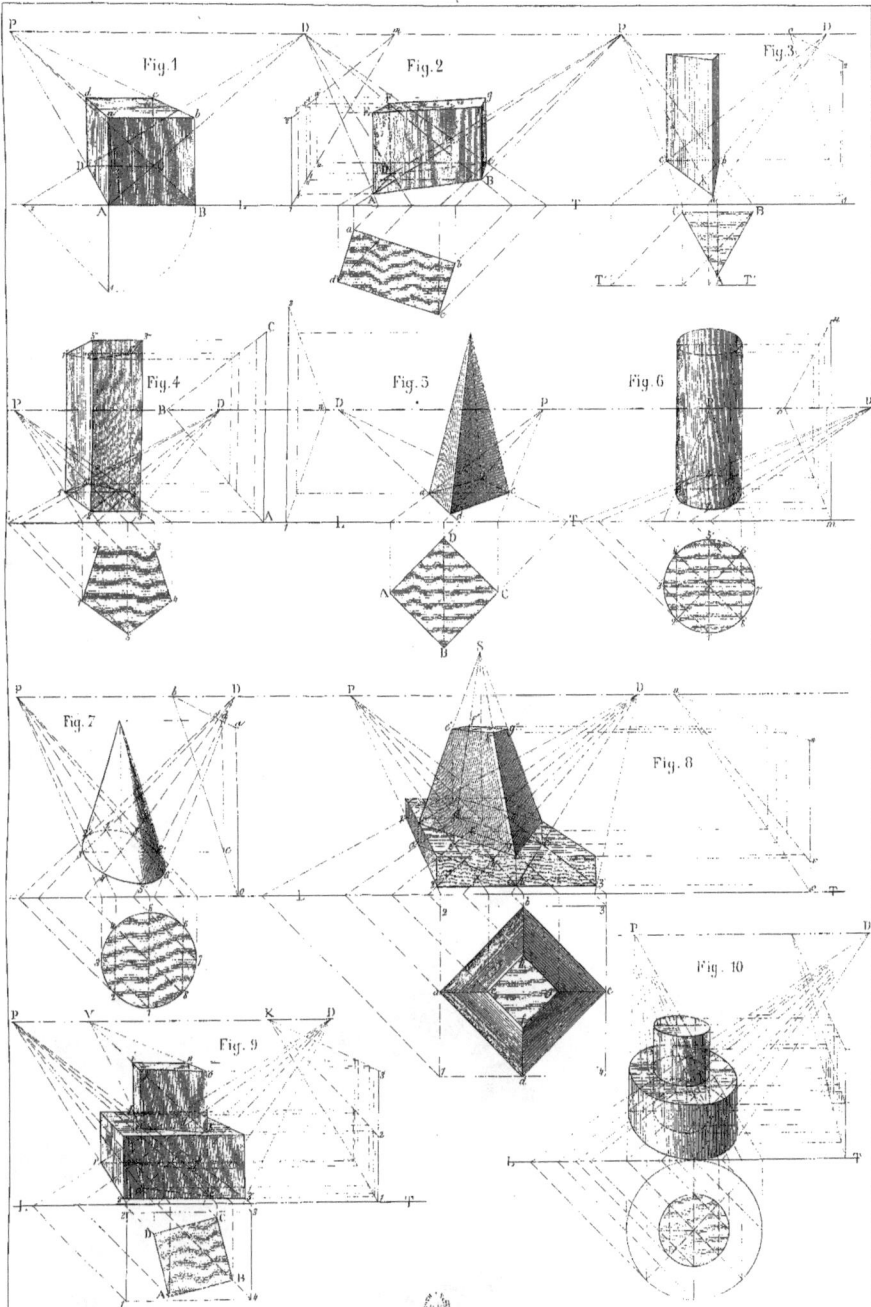

DIFFERENTS SOLIDES EN PERSPECTIVE

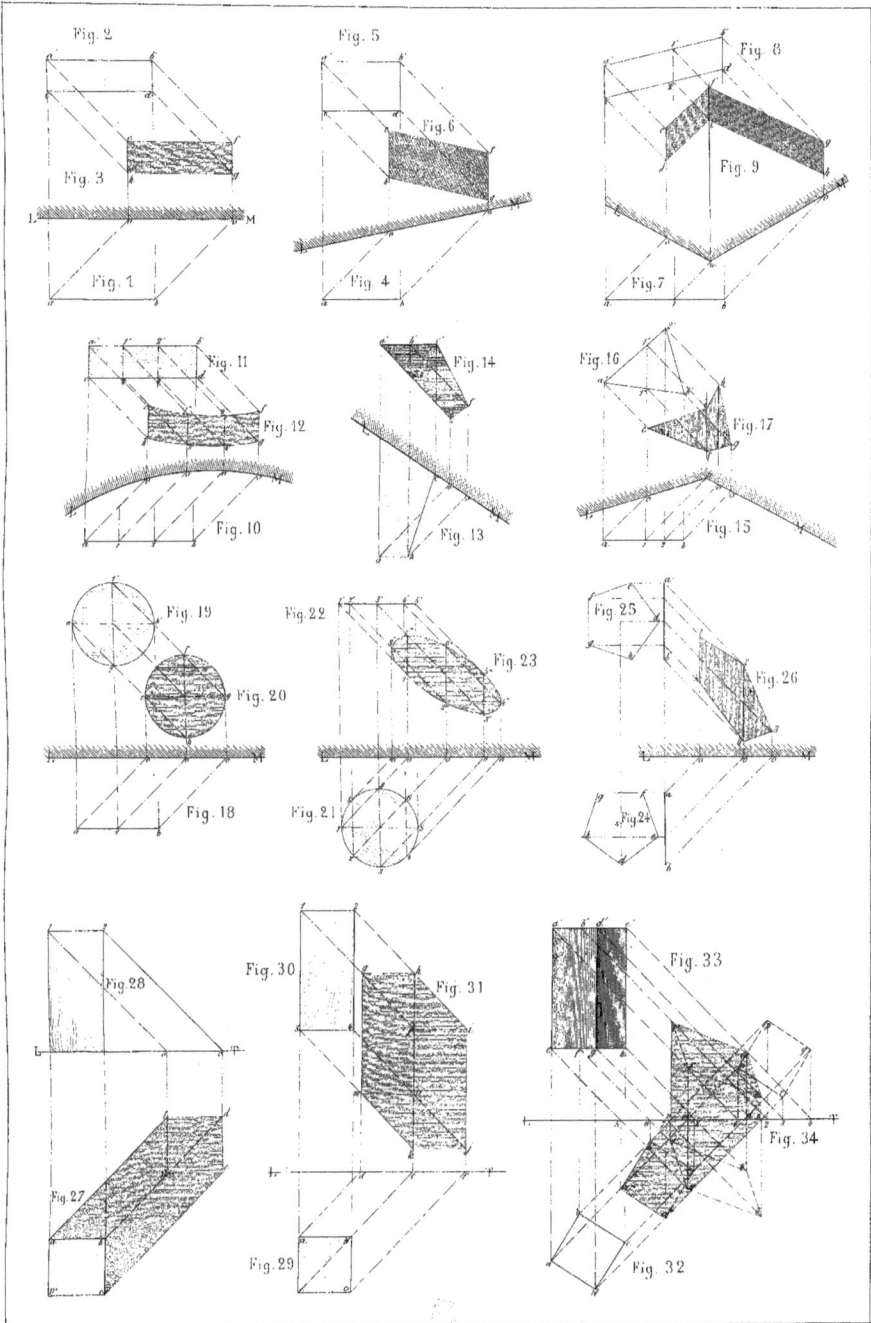

Fig. 2
Fig. 3
Fig. 1
Fig. 5
Fig. 6
Fig. 4
Fig. 8
Fig. 9
Fig. 7
Fig. 11
Fig. 12
Fig. 10
Fig. 14
Fig. 13
Fig. 16
Fig. 17
Fig. 15
Fig. 19
Fig. 20
Fig. 18
Fig. 22
Fig. 23
Fig. 21
Fig. 25
Fig. 26
Fig. 24
Fig. 28
Fig. 27
Fig. 30
Fig. 31
Fig. 29
Fig. 33
Fig. 34
Fig. 32

L. Janon del.   Imprimerie 47, rue de Dunkerque, Paris.   A. Pard sc.

DES OMBRES PORTÉES, DE LEUR PROJECTION

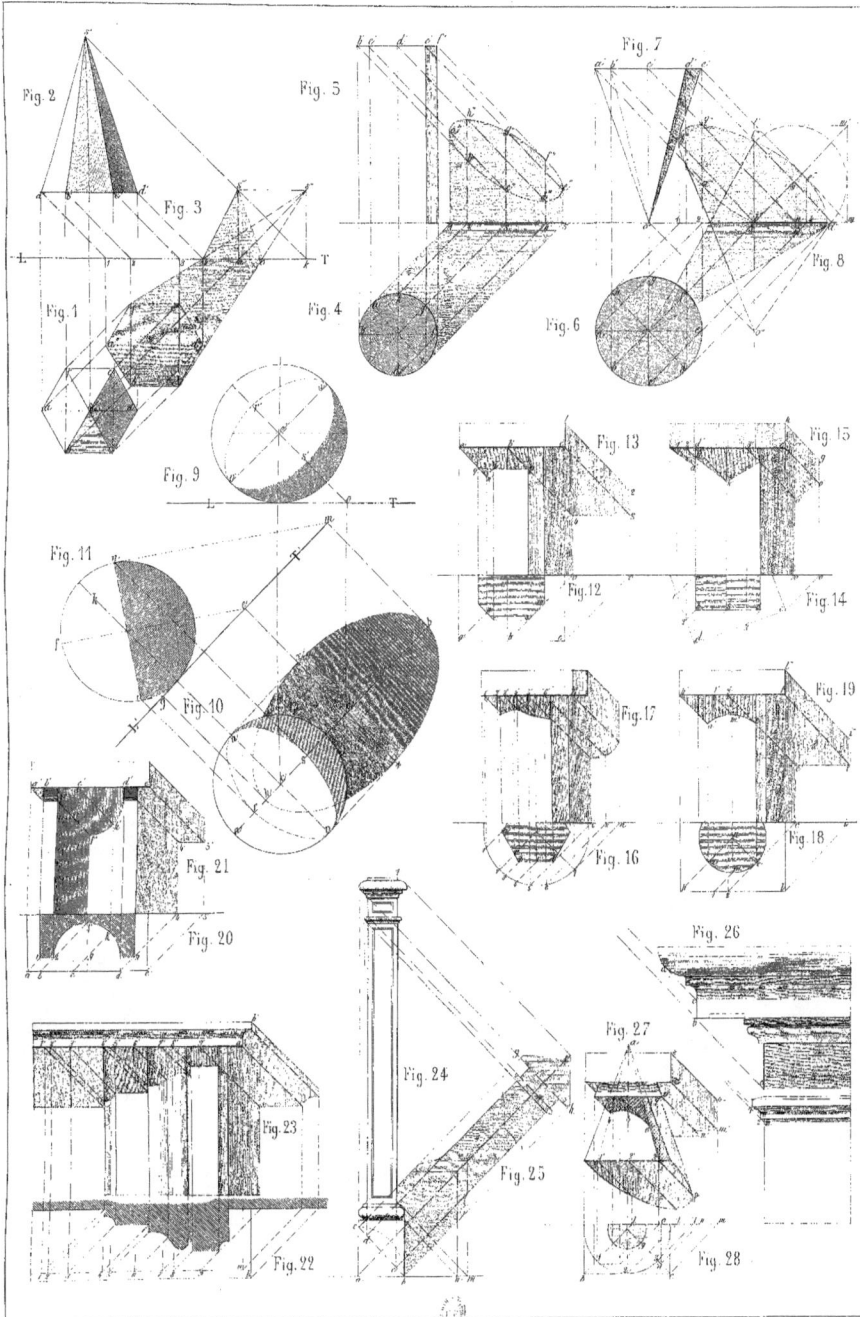

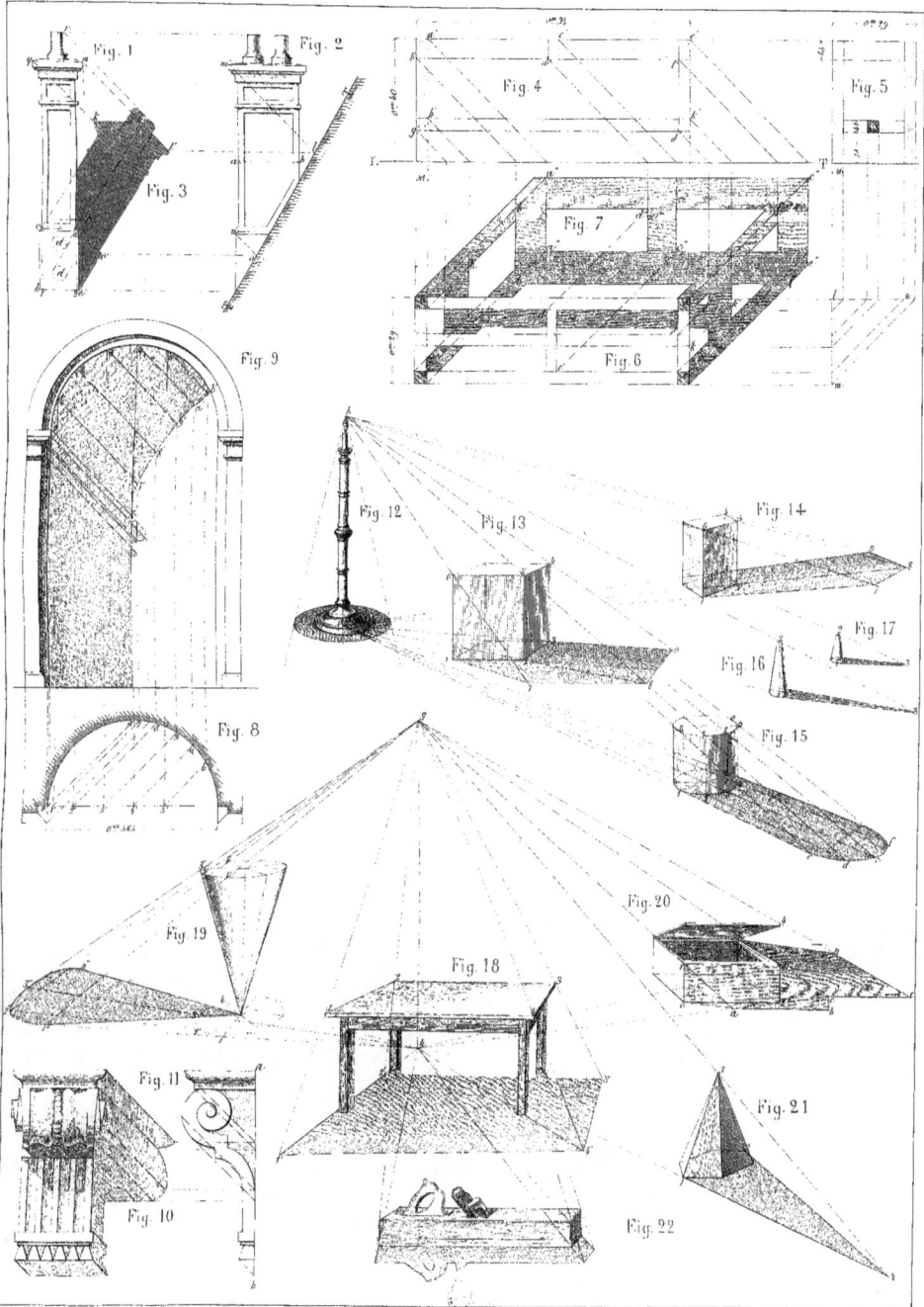

LES OMBRES ET LEUR PROJECTION ET ETUDE PERSPECTIVE D'EMEUBLE AU FLAMBEAU

Fig. 1

Fig. 3

Fig. 5

Fig. 7

Fig. 9

Fig. 10

Fig. 11

Fig. 12

Fig. 13

Fig. 2

Fig. 4

Fig. 6

Fig. 8

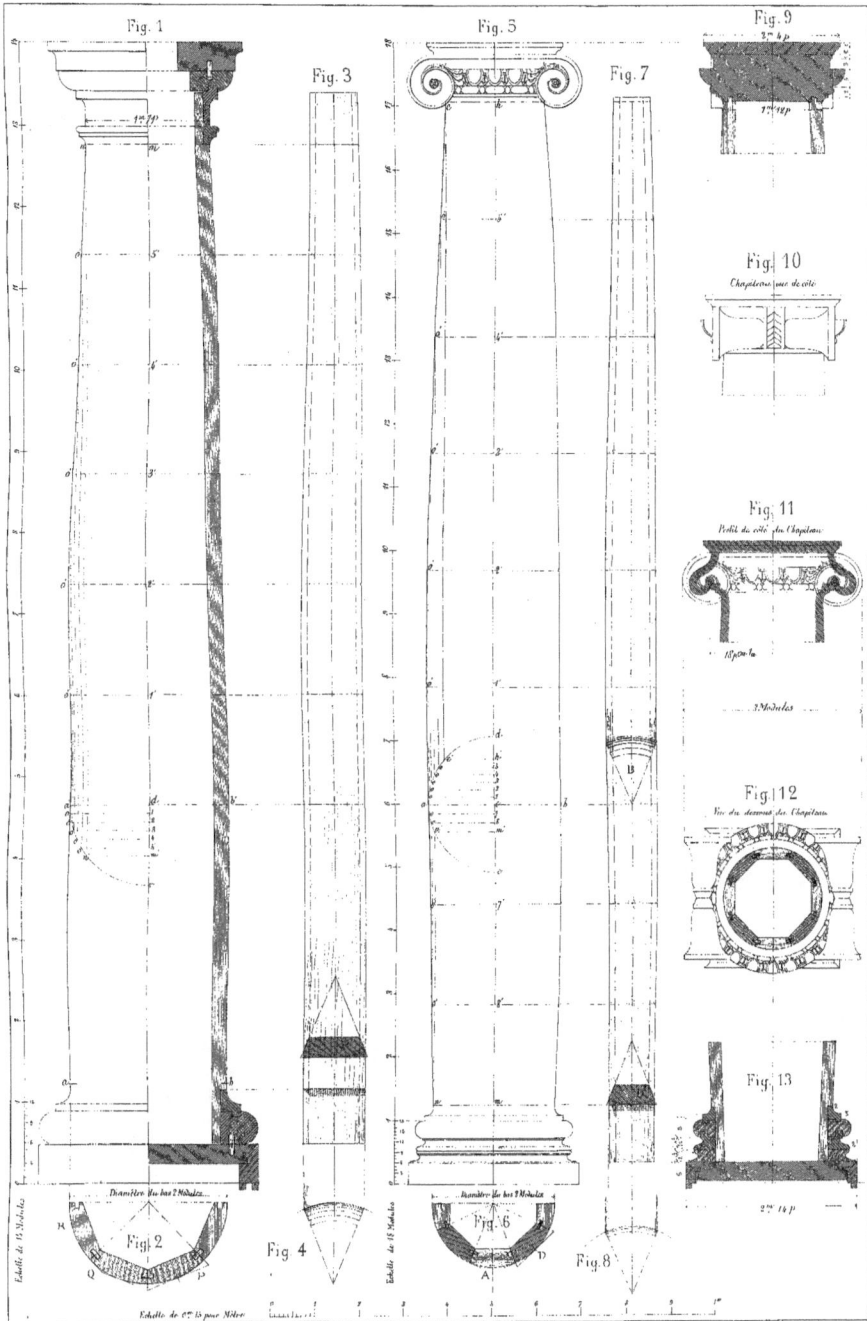

MANIÈRE DE DÉTERMINER LE GALBE DES COLONNES ET LE CALIBRE DES DOUELLES

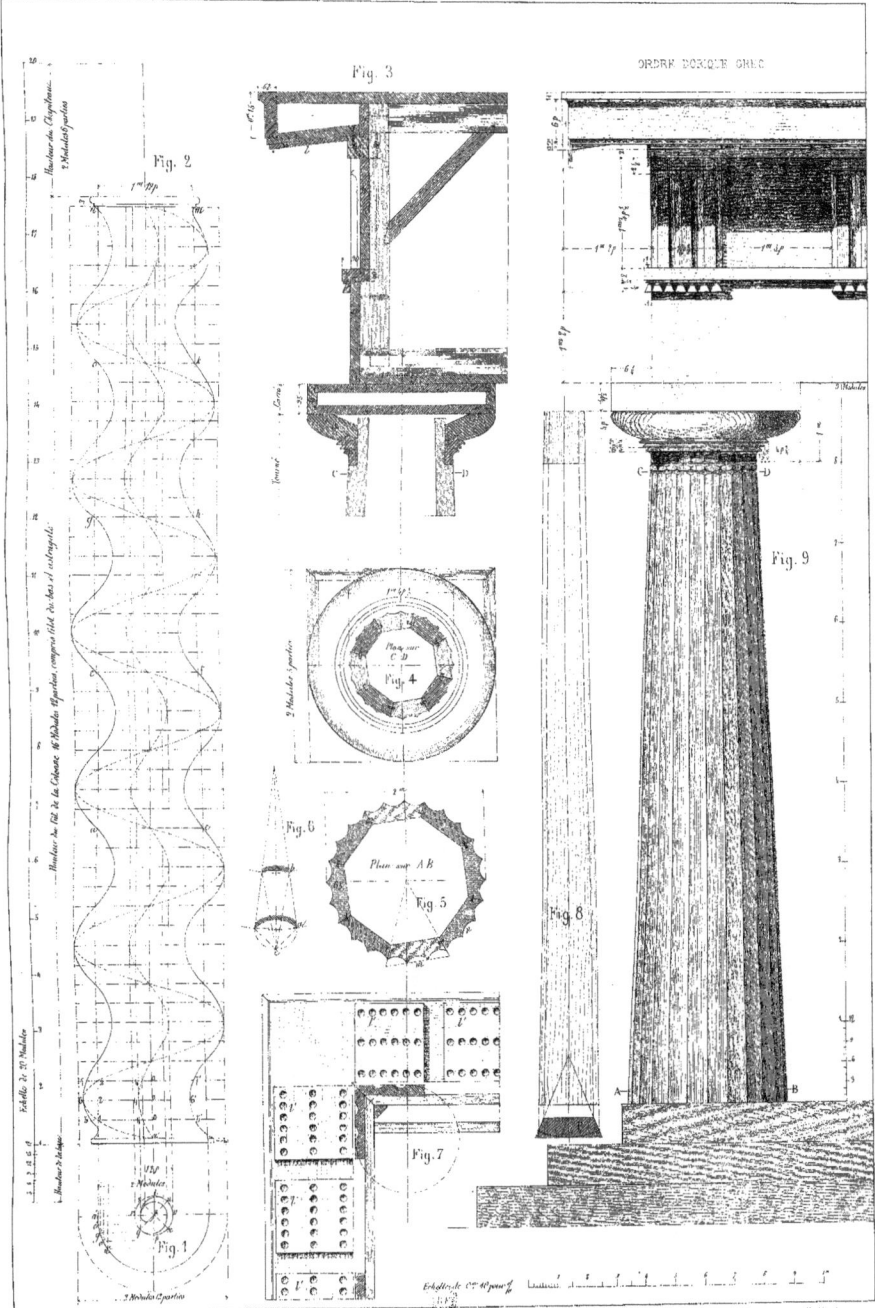

Fig. 2

Fig. 3

ORDRE DORIQUE GREC

Fig. 4

Fig. 5

Fig. 6

Fig. 7

Fig. 8

Fig. 9

Fig. 1

L. Courtier, 49, rue de Dunkerque, Paris

DES ORDRES D'ARCHITECTURE. MANIÈRE DE TRACER LA COLONNE TORSE
DE L'ORDRE DORIQUE GREC DIT DE PESTUM AVEC SES DÉTAILS EN MENUISERIE

Pl 16_17

L'ENSEIGNEMENT PROFESSIONNEL DU MENUISIER

ORDRE IONIQUE

ORDRE DORIQUE MUTULAIRE

ORDRE TOSCAN

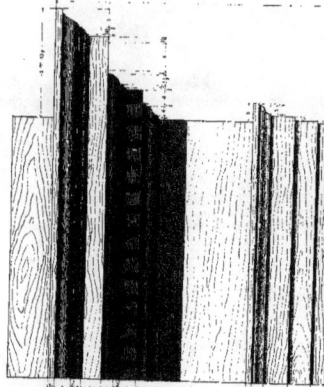

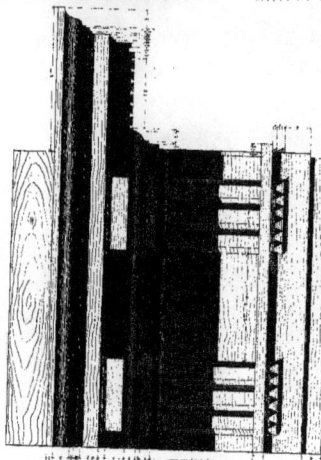

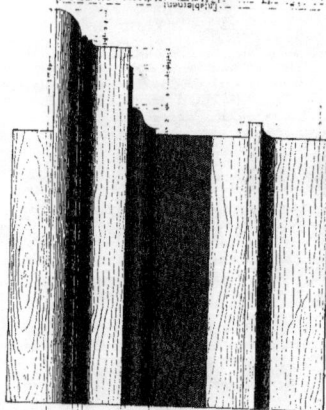

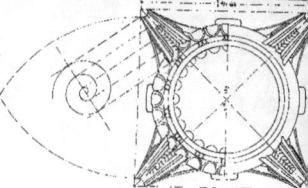

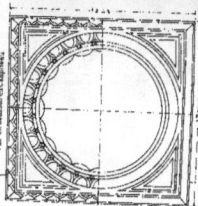

DES ORDRES D'ARCHITECTURE

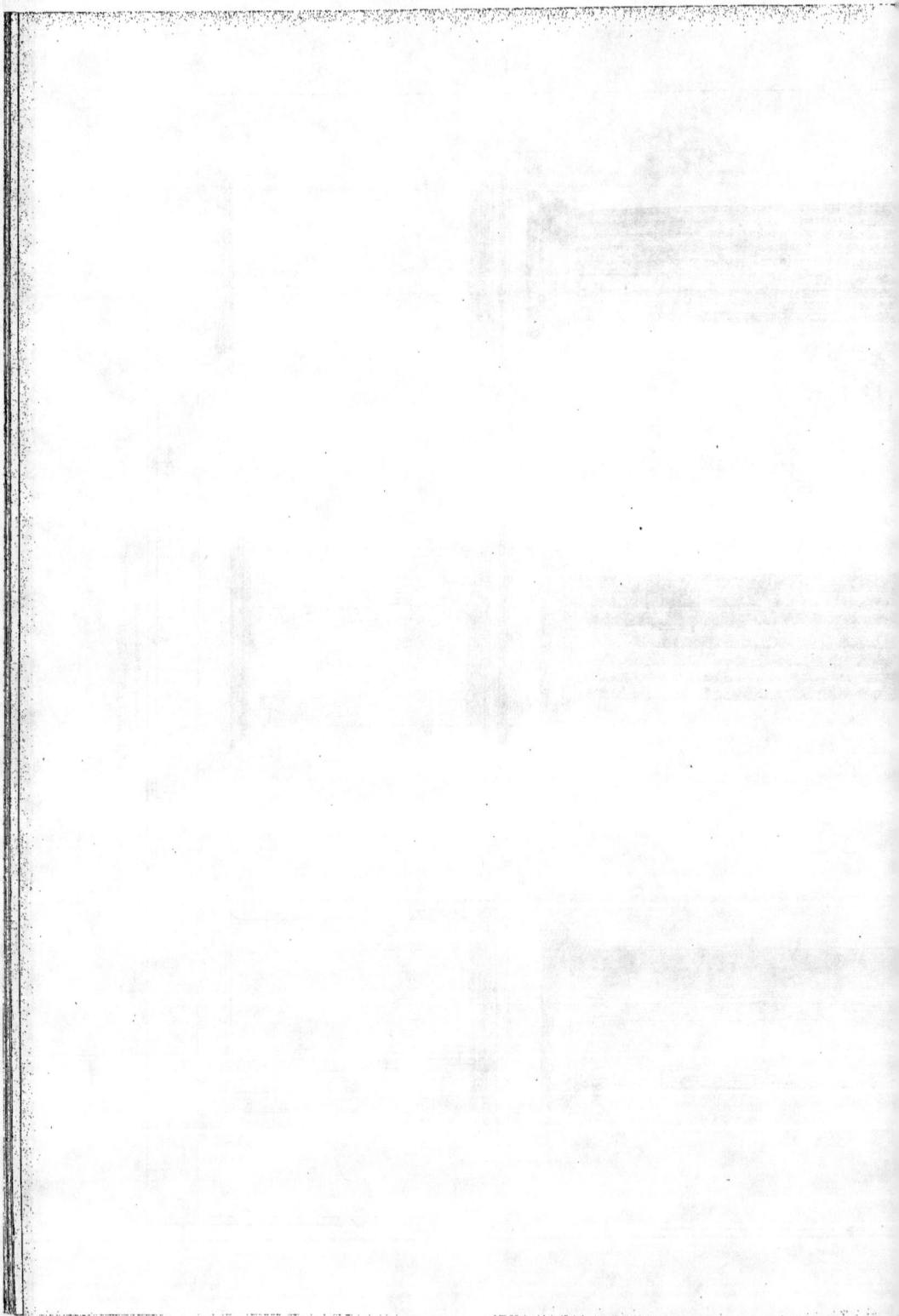

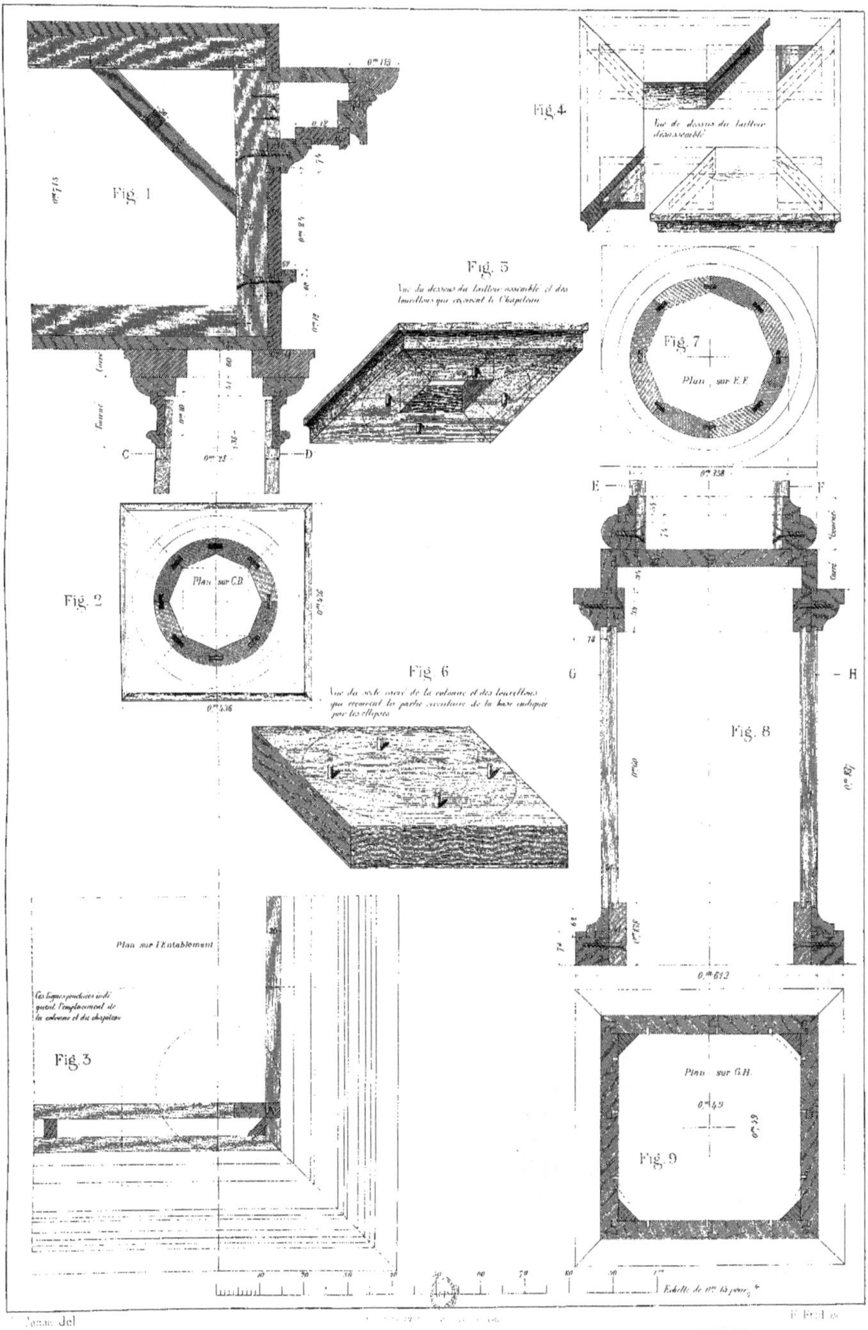
Fig. 1
Fig. 2
Plan sur C.D.
Fig. 3
Plan sur l'Entablement
Ces lignes ponctuées indiquent l'emplacement de la colonne et du chapiteau
Fig. 4
Vue de dessous du tailloir désassemblé
Fig. 5
Vue du dessous du tailloir assemblé et des tourillons qui reçoivent le Chapiteau
Fig. 6
Vue du socle carré de la colonne et des tourillons qui reçoivent la partie circulaire de la base indiquée par les ellipses
Fig. 7
Plan sur E.F.
Fig. 8
Fig. 9
Plan sur G.H.
Echelle de 0m 15 pour 1m

Jouan del. F. Fol sc.

DES ORDRES D'ARCHITECTURE DÉTAILS EN MENUISERIE DE L'ORDRE TOSCAN Pl. 16.17

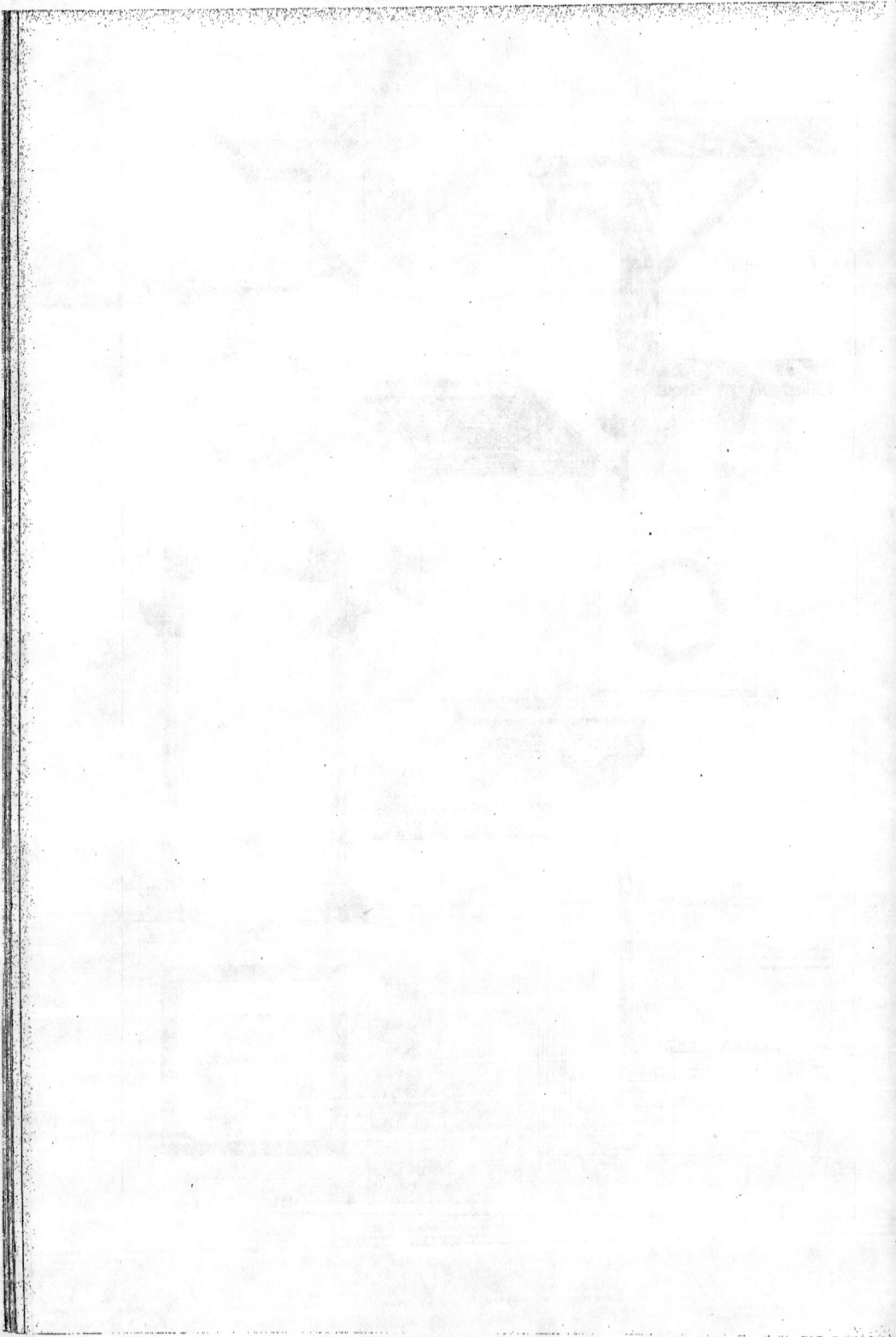

Fig. 4

Fig. 5

Fig. 6
Plan sur E F

Fig. 1

Fig. 11

Fig. 9

Fig. 10

Fig. 2
Plan sur C D

Fig. 7

Plan sur l'Entablement
Fig. 3

Fig. 8
Plan sur G H

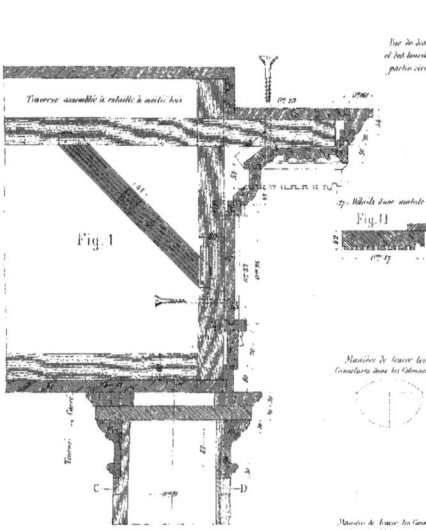

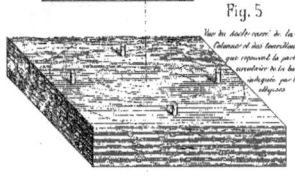

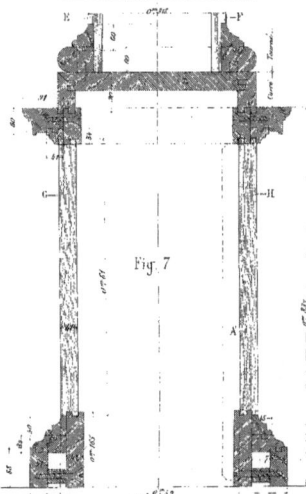

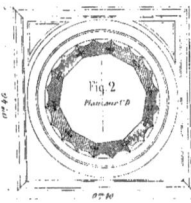

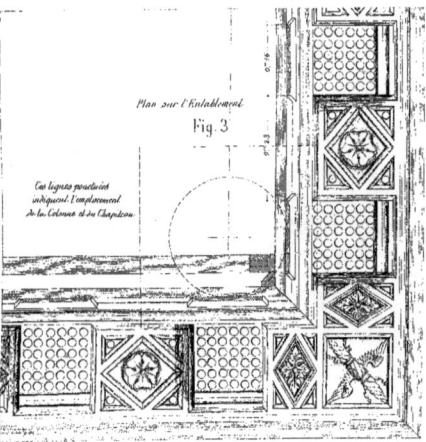

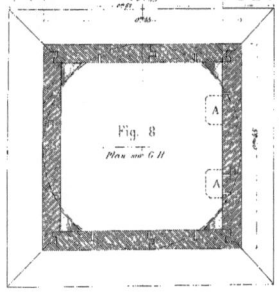

Echelle de 0,15 pour 1

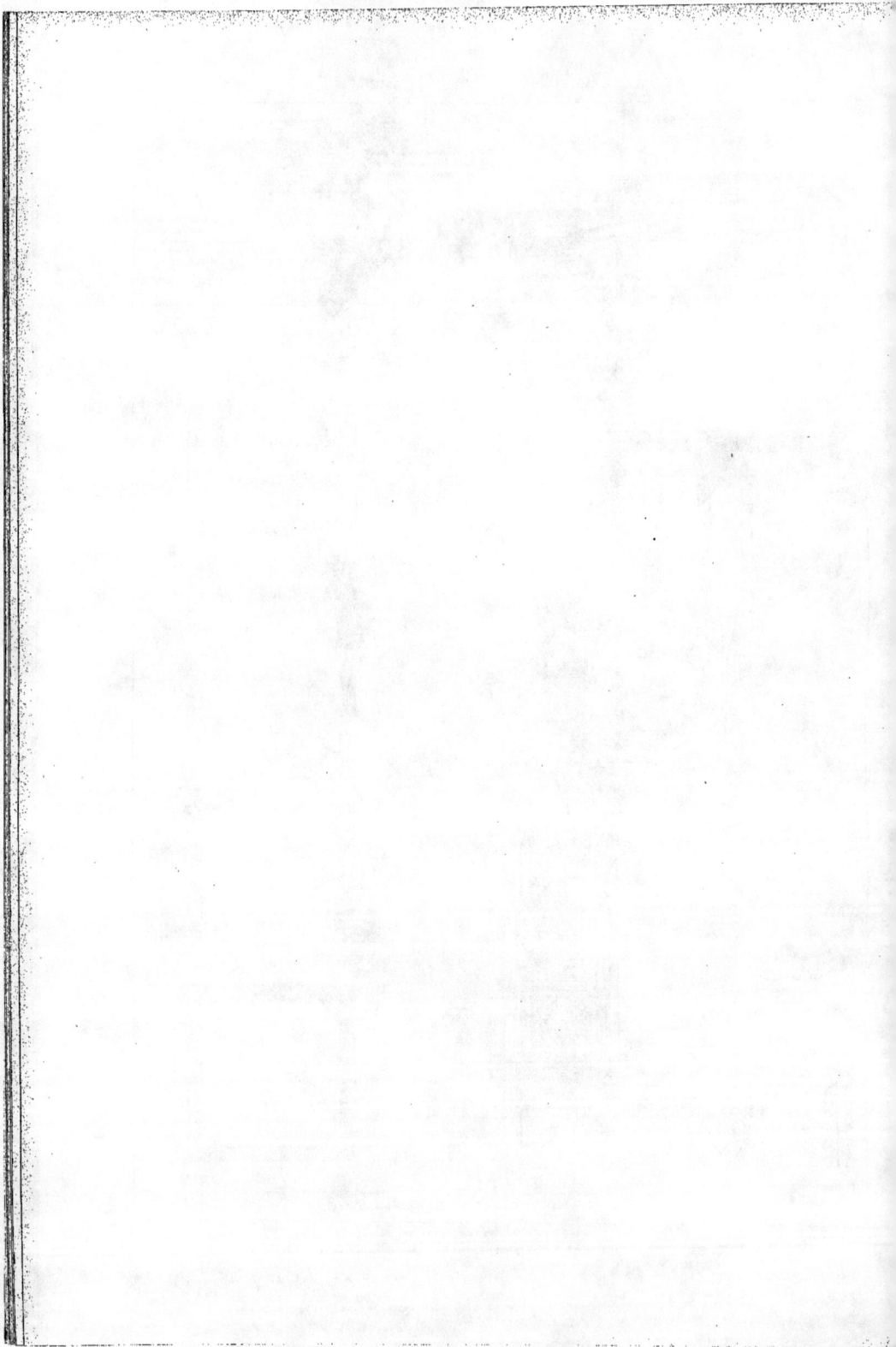

Fig. 1

Petit lasseau cloué

Fig. 6

Tracé de la base attique
à une plus grande échelle

Fig. 7

Tracé de la scotie de la base attique

Fig. 8

Plan sur
E F

Fig. 2

Plan sur
C D

Coupe suivant AB

Fig. 4

Fig. 3

Fig. 9

Fig. 11

Fig. 5

K

Fig. 10

Plan sur G H

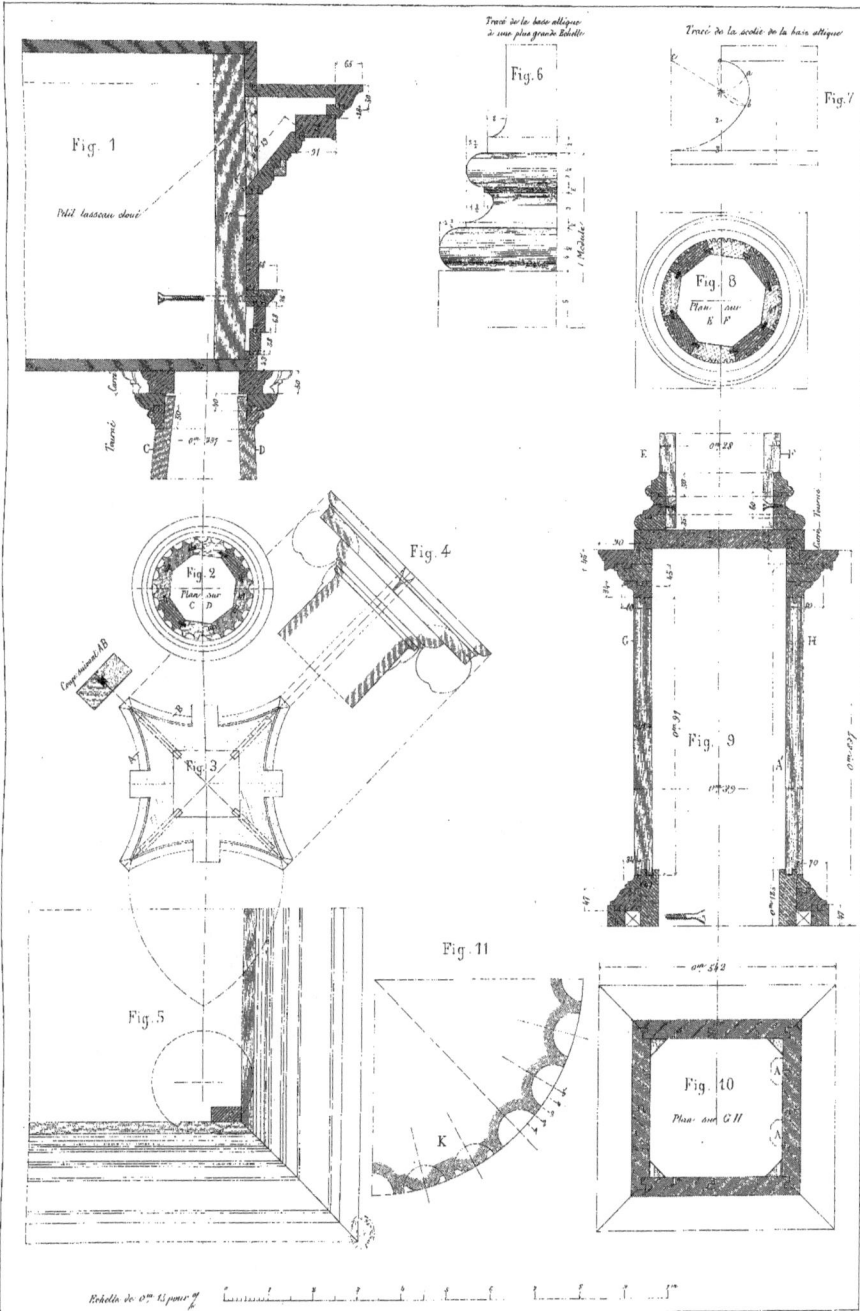

Echelle de 0m.15 pour 1m

DES ORDRES D'ARCHITECTURE, DÉTAIL EN MENUISERIE DE L'ORDRE IONIQUE (Pl. 16_17)

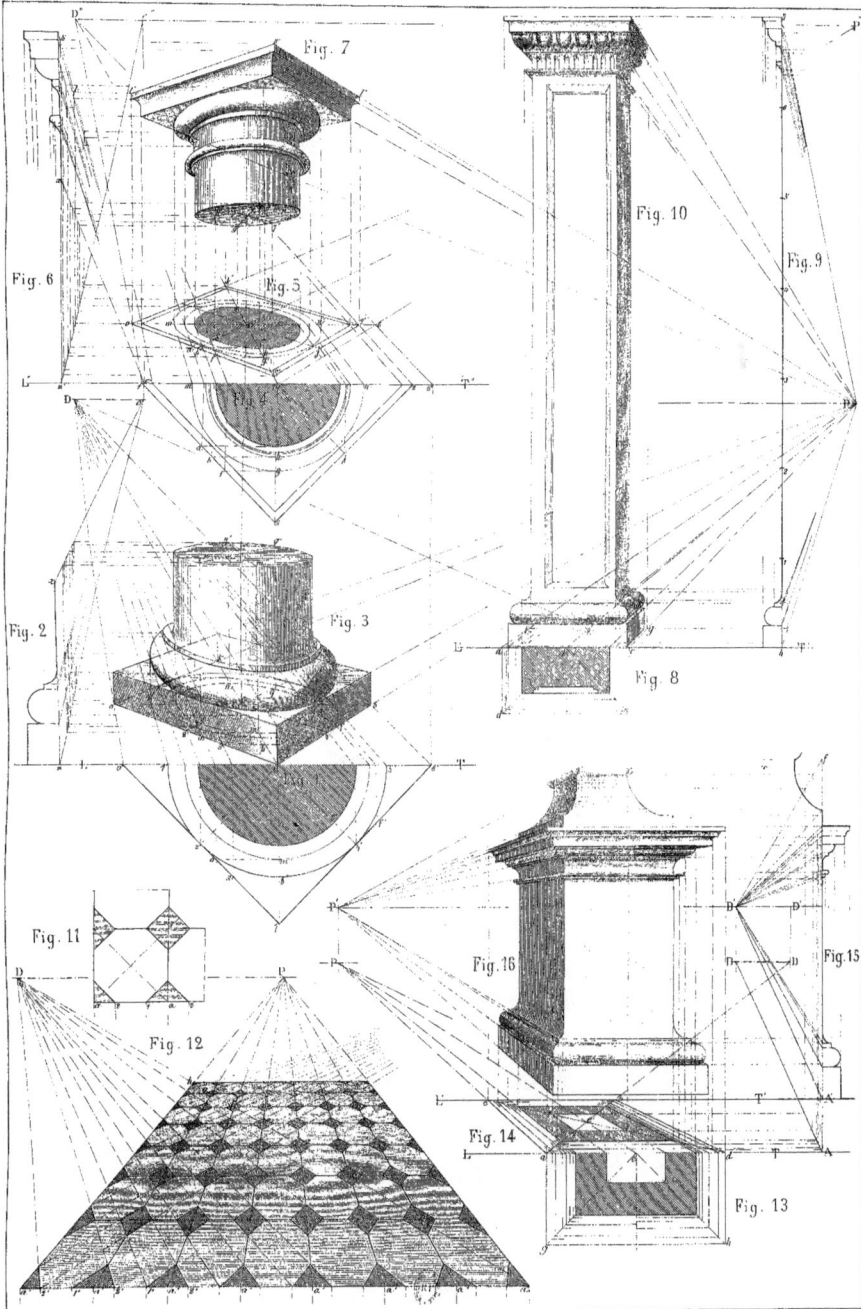

TRACE PERSPECTIF DE CHAPITEAU, BASE DE COLONNE, PILASTRE, PARQUET ET PIÉDESTAL.

L'ENSEIGNEMENT PROFESSIONNEL DU MENUISIER.

ORDRE CORINTHIEN.

ORDRE COMPOSITE.

TORSE COMPOSITE.

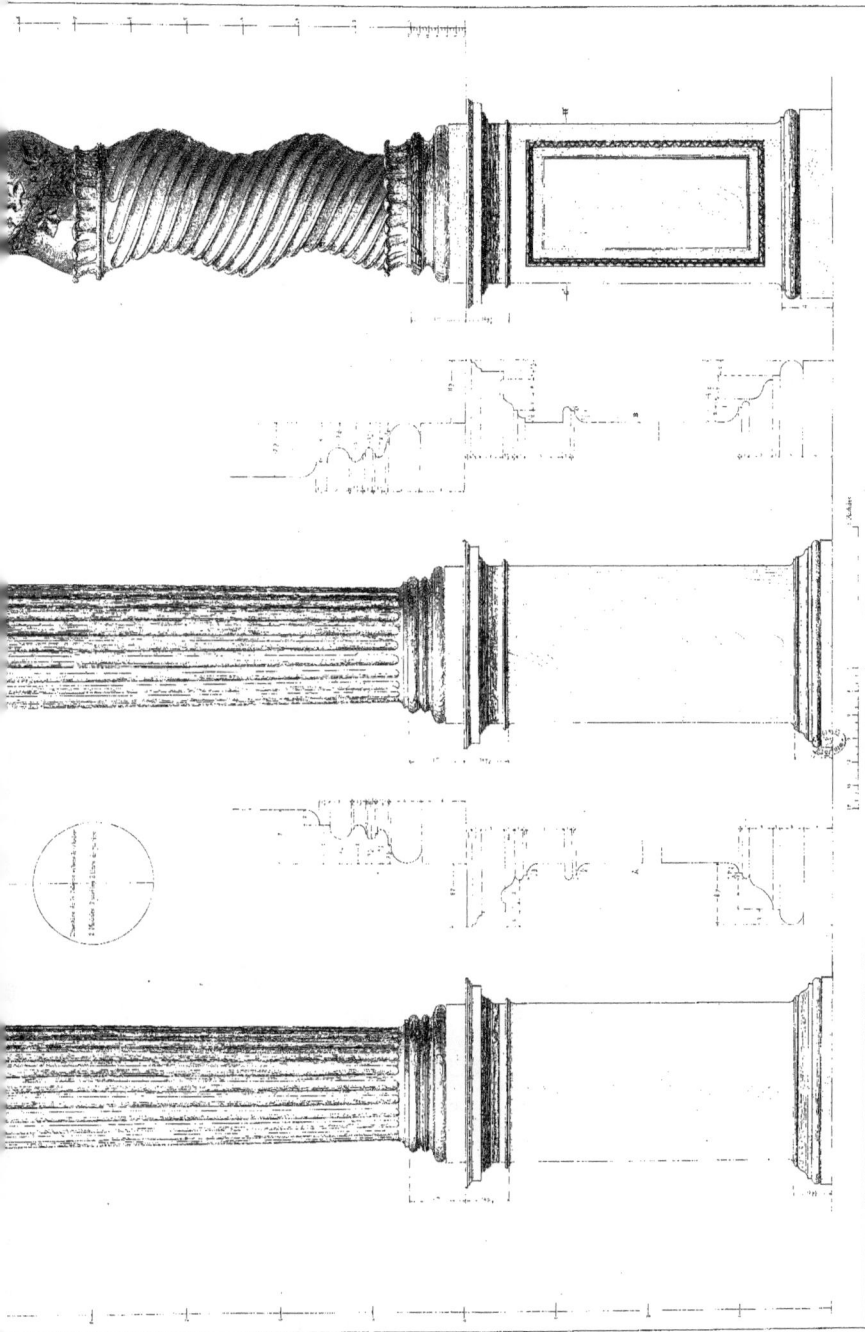

DES ORDRES D'ARCHITECTURE

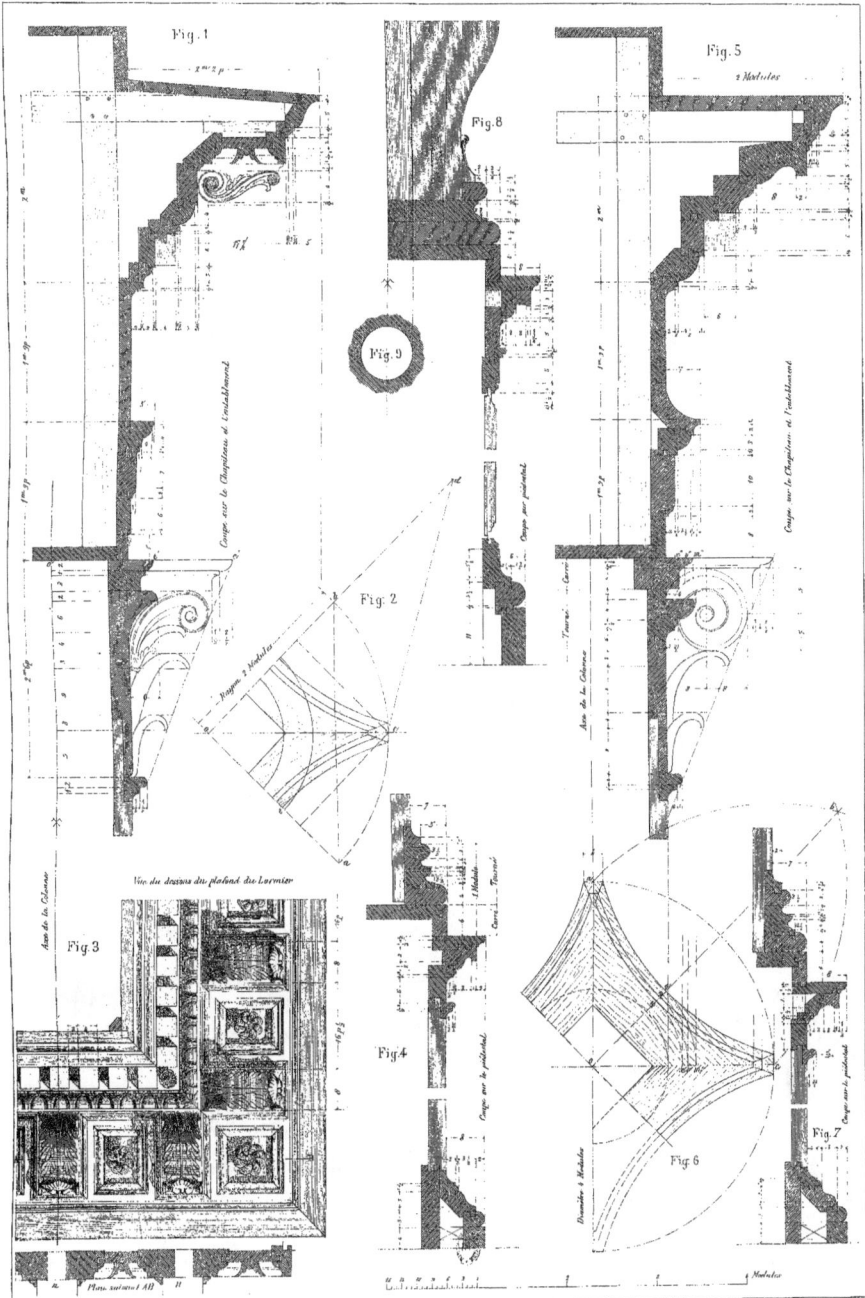

Fig. 1

Fig. 8

Fig. 9

Fig. 5

Fig. 2

Fig. 3

Fig. 4

Fig. 6

Fig. 7

Vue du dessous du plafond du Larmier

L. Janin del.   L. Courtier, 43, rue de Dunkerque, Paris   E. Frid sc.

DES ORDRES D'ARCHITECTURE

DÉTAILS EN MENUISERIE DES ORDRES CORINTHIEN COMPOSITE ET DE LA COLONNE TORSE (Pl. 22-23)

Pl. 25

L'ENSEIGNEMENT PROFESSIONNEL DU MENUISIER

ORDRE TOSCAN

ORDRE DORIQUE DENTICULAIRE

ORDRE IONIQUE

ORDRE CORINTHIEN

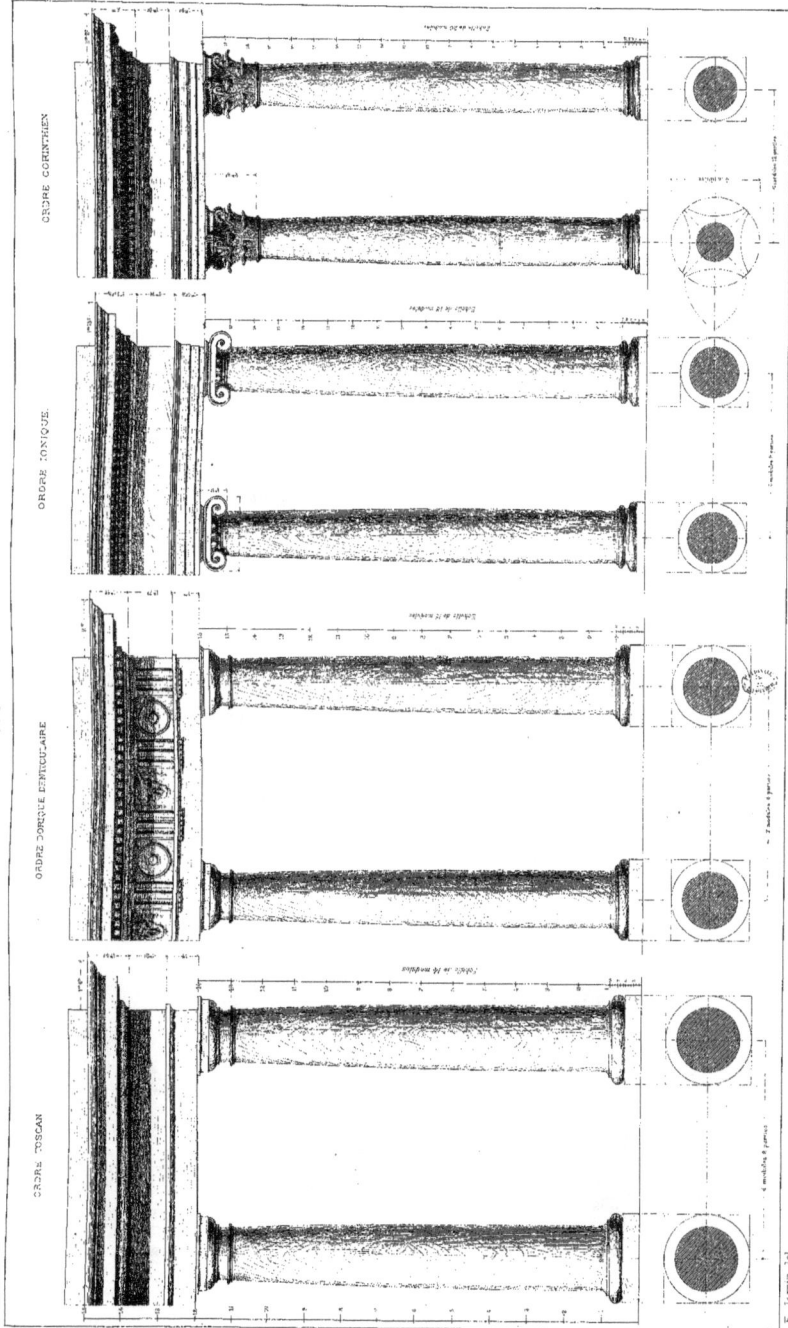

E. Julien del.

E. Fra. sc.

DES ORDRES D'ARCHITECTURE DE LEURS ENTRE-COLONNES.

Pl. 25

L'ENSEIGNEMENT PROFESSIONNEL DU MENUISIER

ORDRE TOSCAN

ORDRE DORIQUE DENTICULAIRE

ORDRE IONIQUE

ORDRE CORINTHIEN

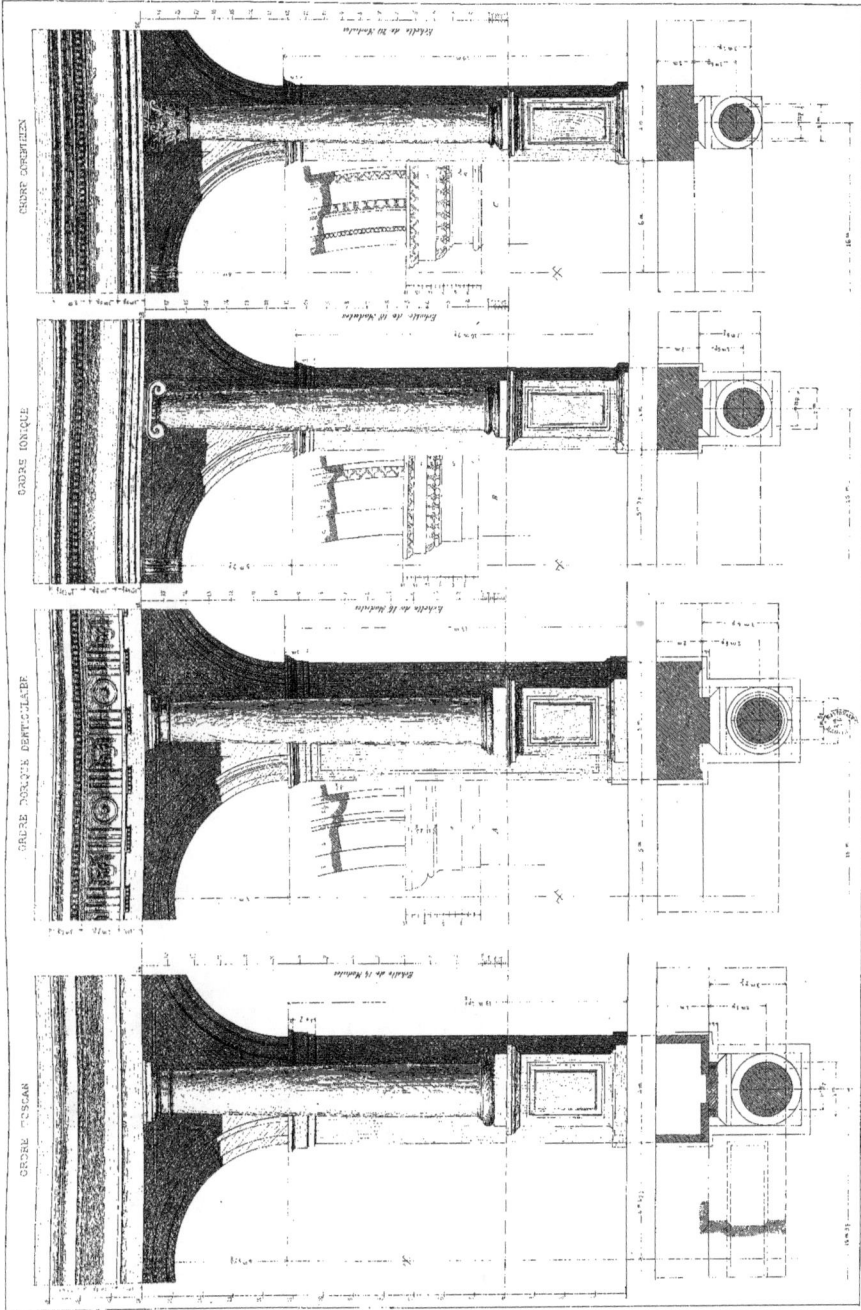

DES ORDRES D'ARCHITECTURES DE LEUR PORTIQUE AVEC PIÉDESTAL

C. Jonin del

L. Courtier, 13, rue de Dunkerque, Paris

E. Puig sc.

ORDRE TOSCAN

ORDRE DORIQUE

ORDRE IONIQUE

ORDRE CORINTHIEN

L. Courtier, 45, rue de Dunkerque, Paris.

DES ORDRES D'ARCHITECTURES DE LEUR PORTIQUE SANS PIÉDESTAL.

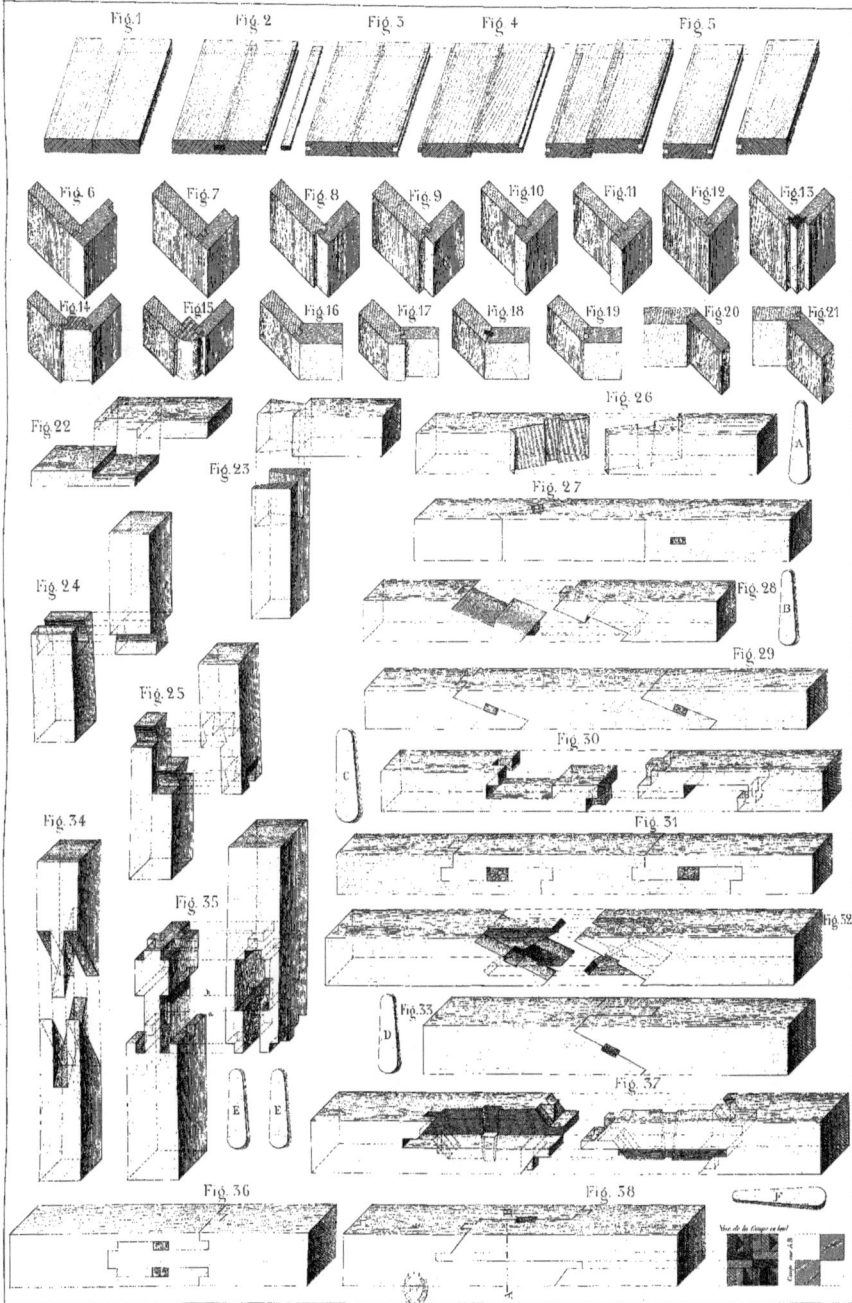

Fig. 1   Fig. 2   Fig. 3   Fig. 4   Fig. 5

Fig. 6   Fig. 7   Fig. 8   Fig. 9   Fig. 10   Fig. 11   Fig. 12   Fig. 13

Fig. 14   Fig. 15   Fig. 16   Fig. 17   Fig. 18   Fig. 19   Fig. 20   Fig. 21

Fig. 22   Fig. 23   Fig. 24   Fig. 25   Fig. 26   Fig. 27   Fig. 28   Fig. 29   Fig. 30   Fig. 31   Fig. 32   Fig. 33   Fig. 34   Fig. 35   Fig. 36   Fig. 37   Fig. 38

DIVERS EMBREVEMENTS ASSEMBLAGES ET TRAITS DE JUPITER

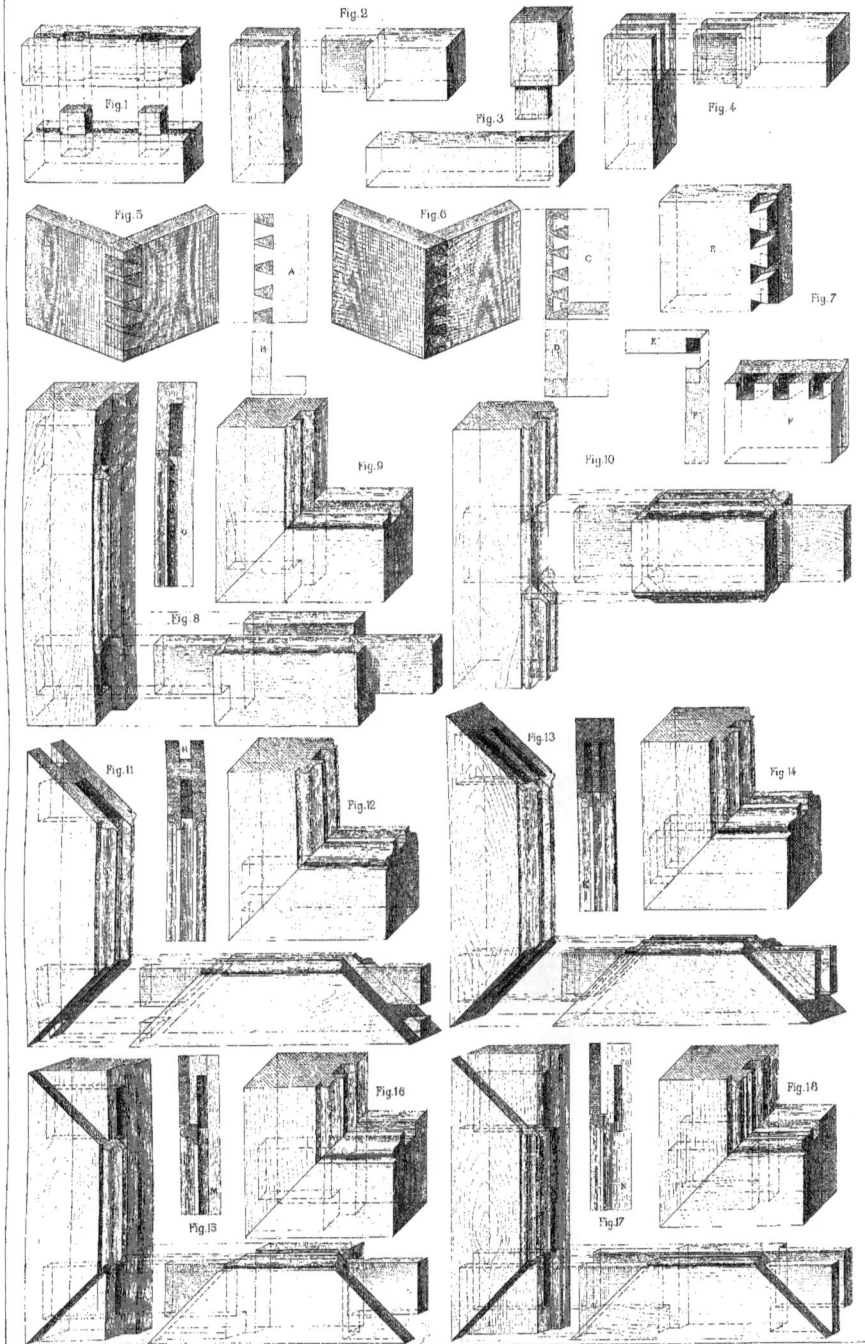

L. Janin del.   L. Courtier, 48, rue de Dunkerque, Paris.   E. Fied sc.

DIVERS ASSEMBLAGES

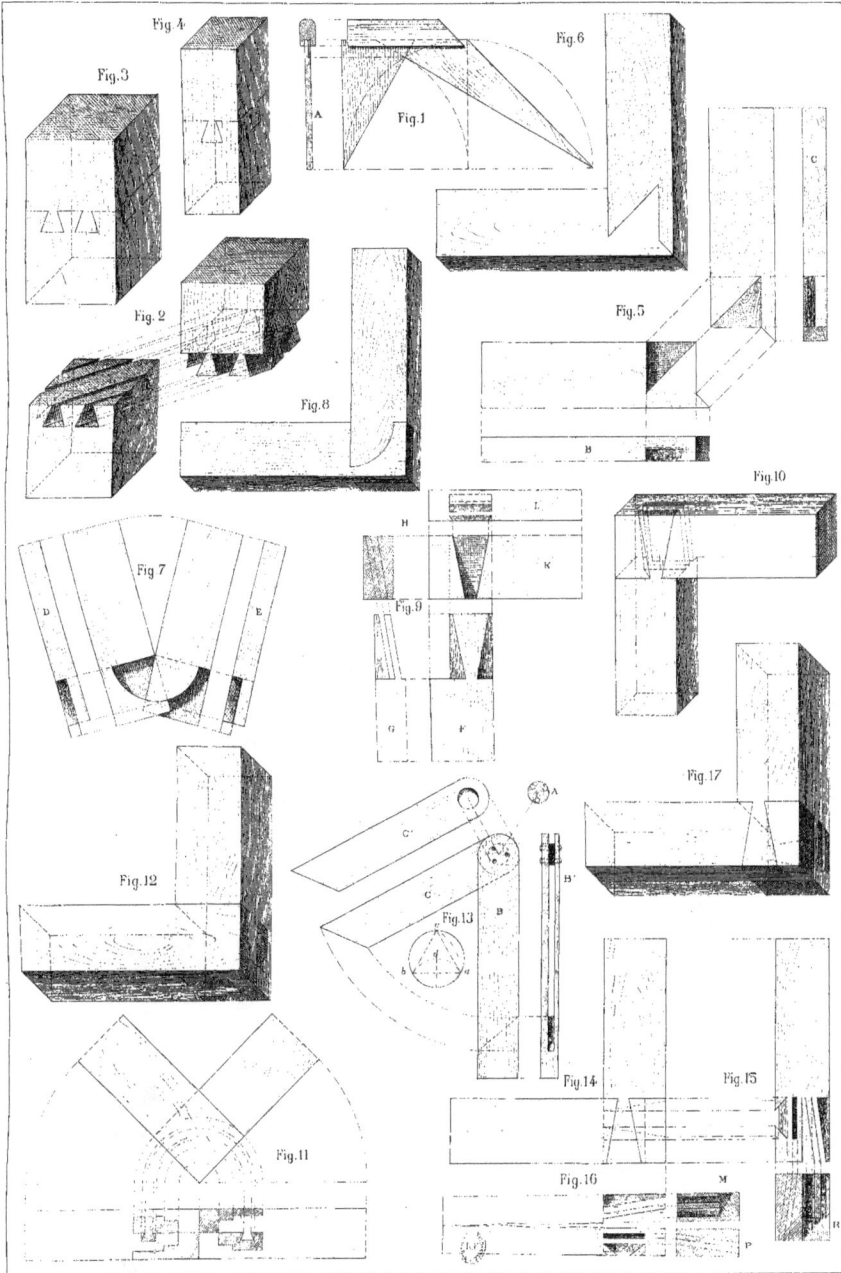

LES SECRETS DU COMPAGNON MENUISIER

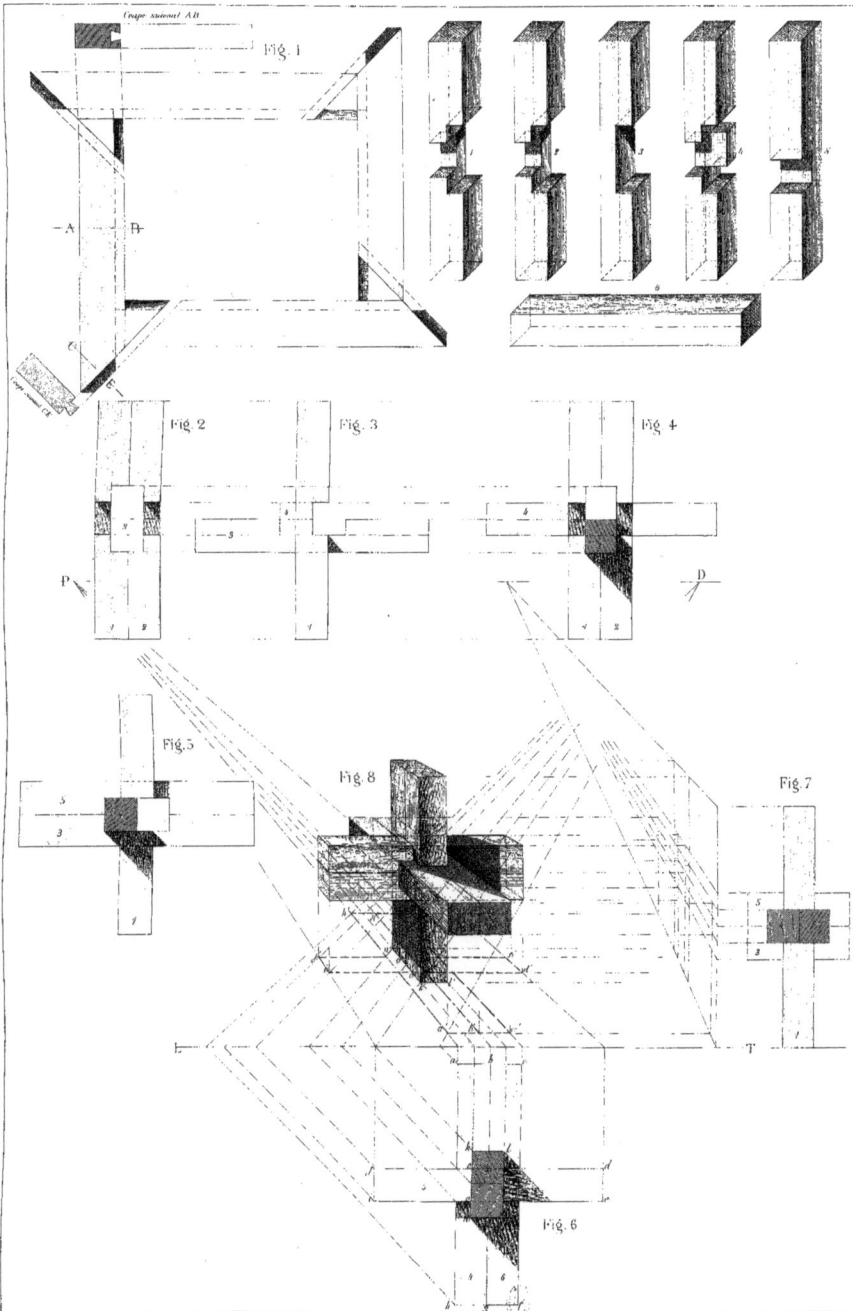

Coupe suivant AB

Fig. 1

Fig. 2　　　　Fig. 3　　　　Fig. 4

Fig. 5　　　Fig. 8　　　　　　　　Fig. 7

Fig. 6

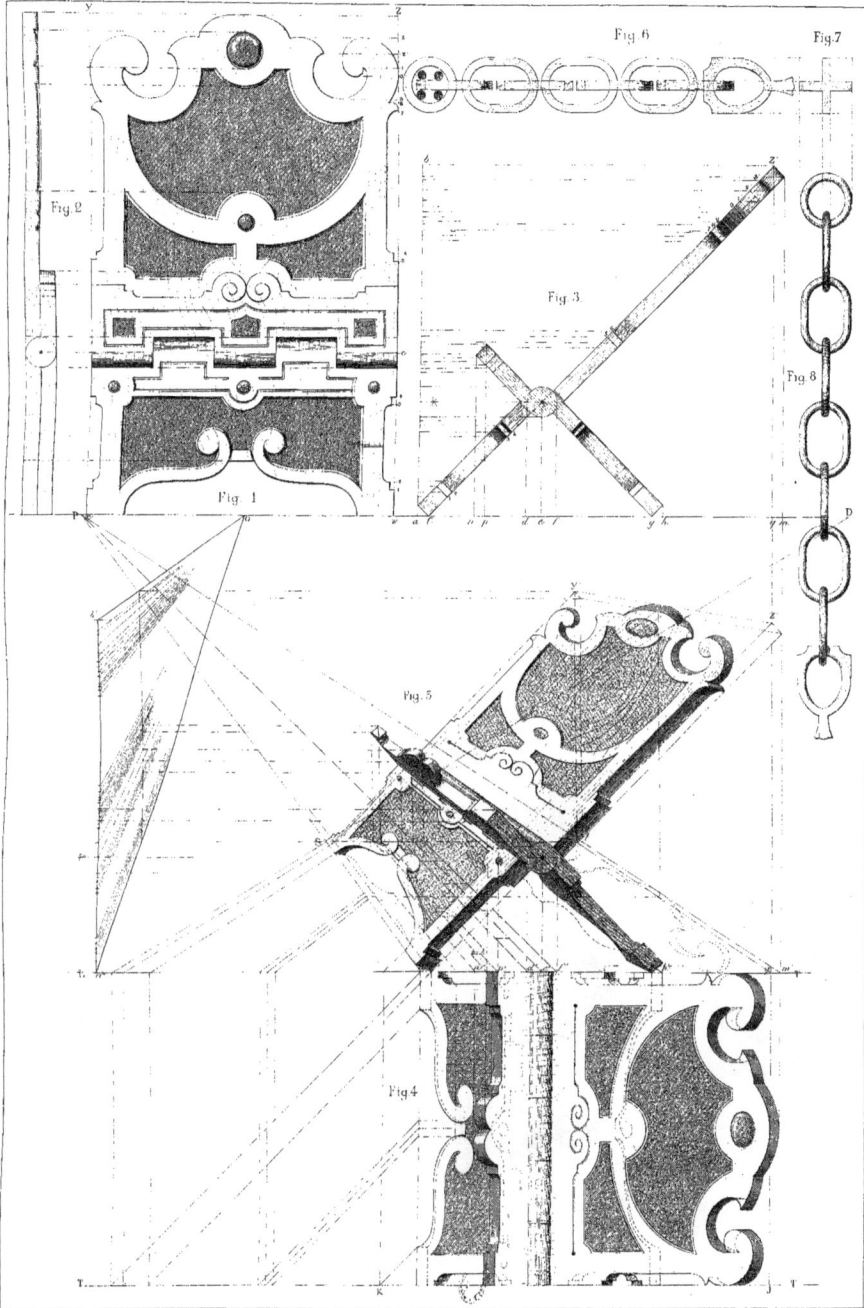

Fig.2

Fig.6   Fig.7

Fig.3

Fig.1

Fig.8

Fig.5

Fig.4

ÉTUDES DE COUPES DIVERSES ½ GRANDEUR D'EXÉCUTION

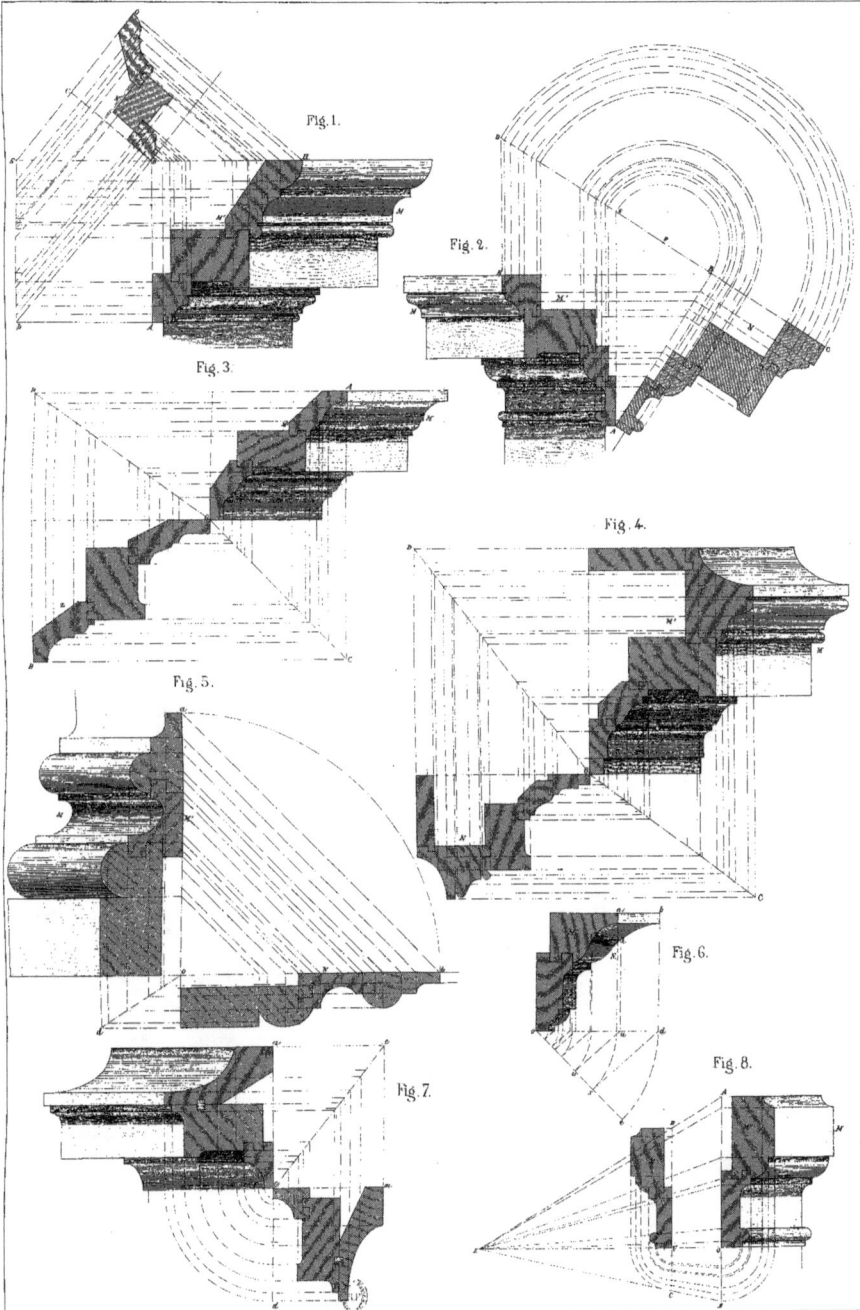

Fig.1.

Fig.2.

Fig.3.

Fig.4.

Fig.5.

Fig.6.

Fig.7.

Fig.8.

L. Coutuer, 43, rue de Dunkerque, Paris

L. Jamin. del.

E. Frid. sc.

RÉDUCTIONS ET AUGMENTATIONS DES PROFILS.

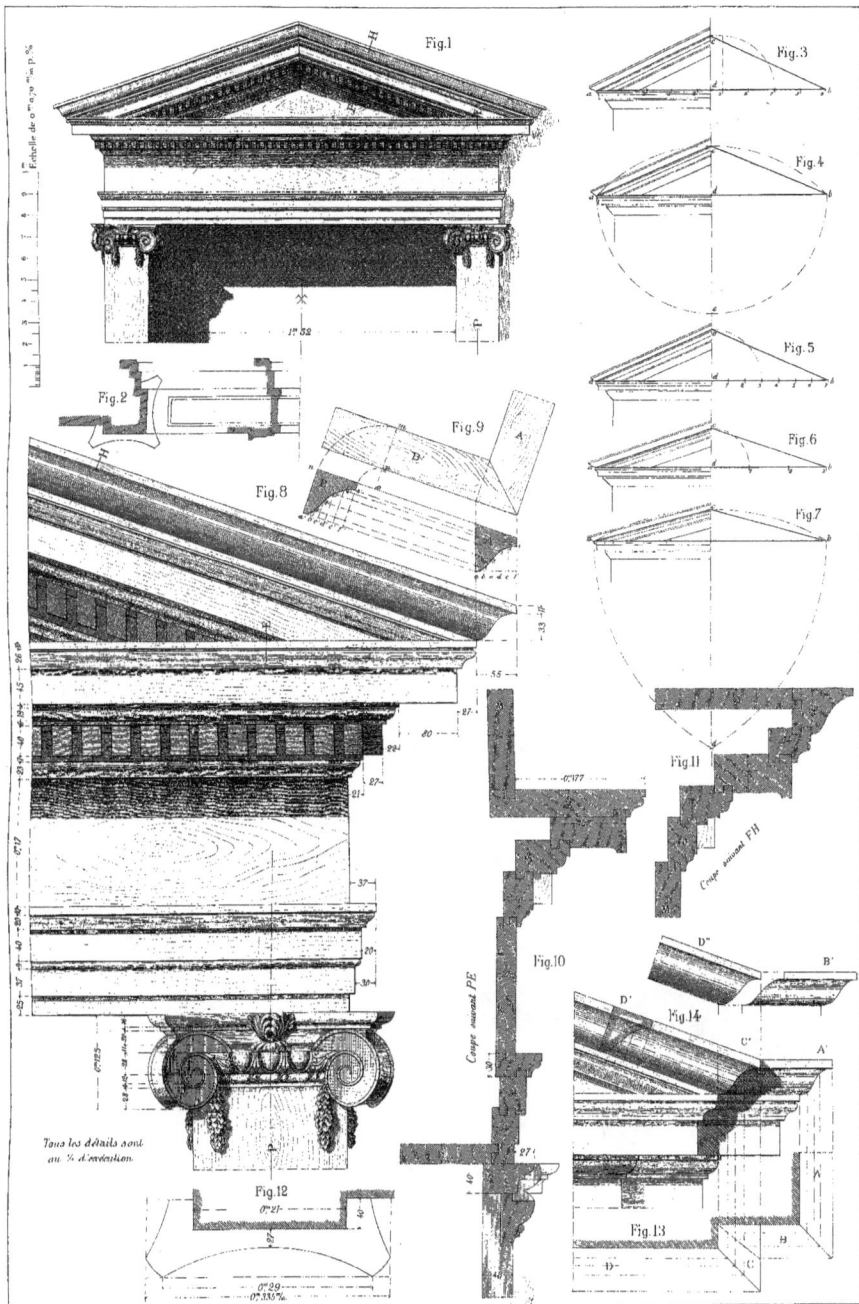

DU TRACÉ DES FRONTONS ANGULAIRES

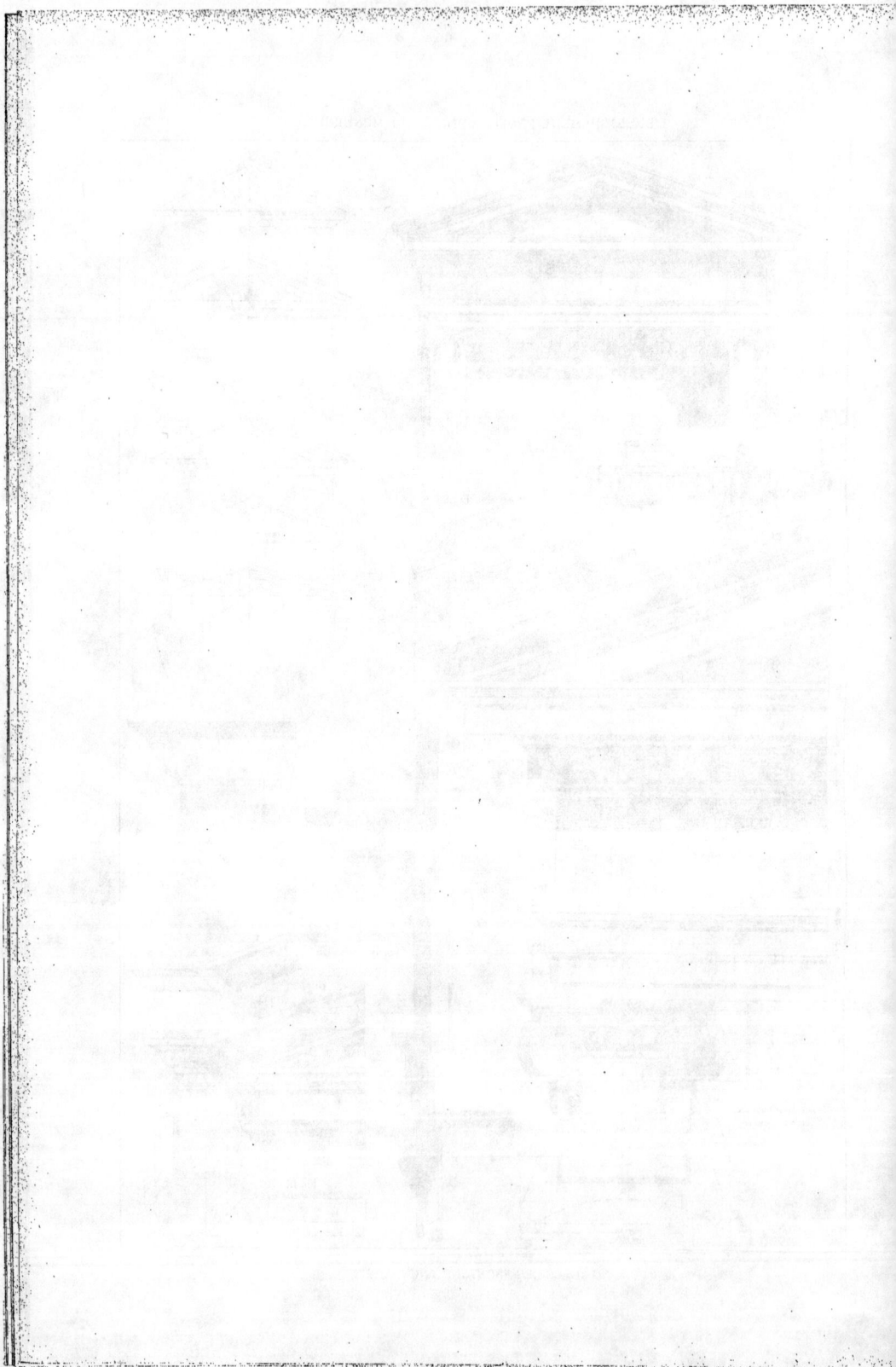

Pl. 36

Fig. 1.

Fig. 2.

Fig. 3.

Fig. 4.

Fig. 5.

Fig. 6.

Fig. 7.

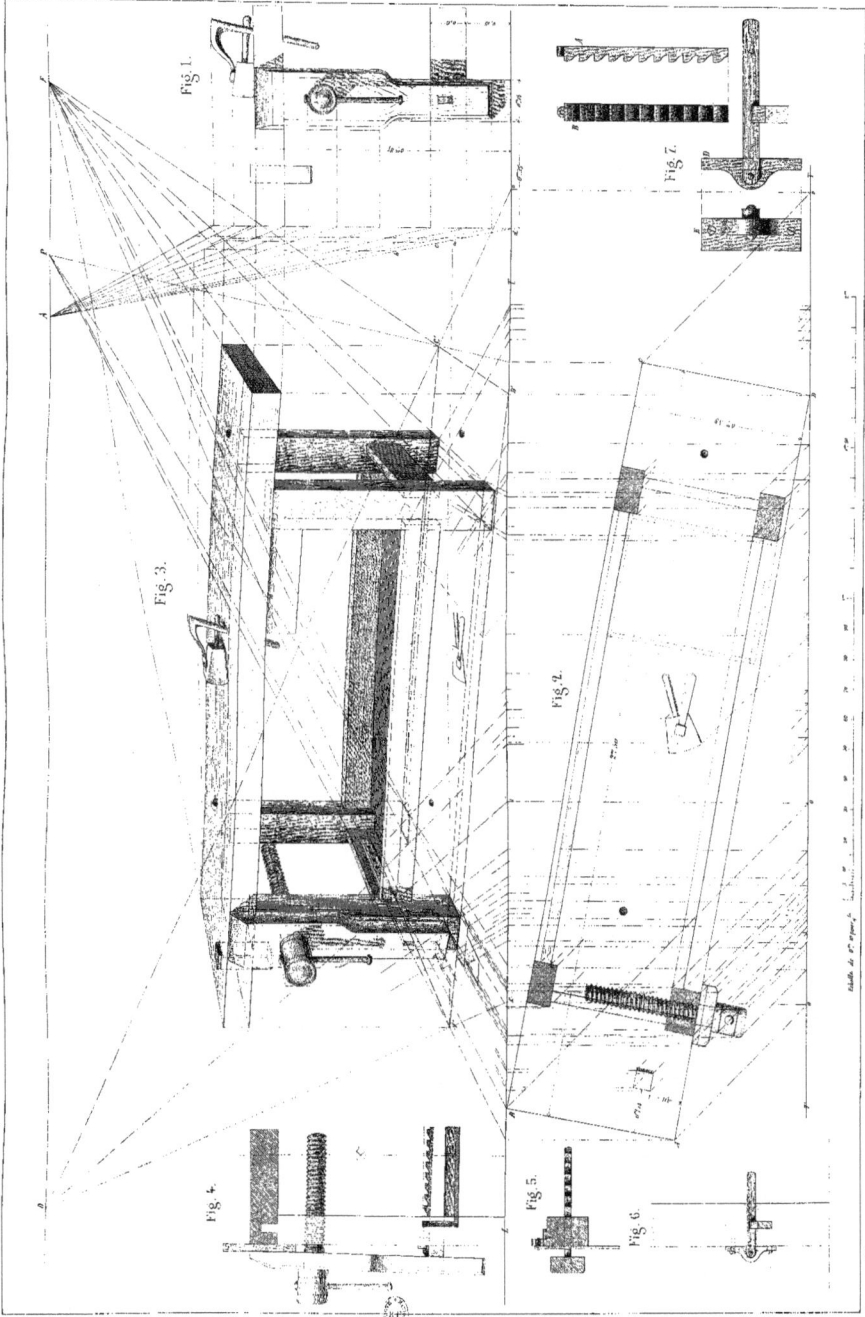

L. Gautier, 42, rue de Saintonge, Paris.

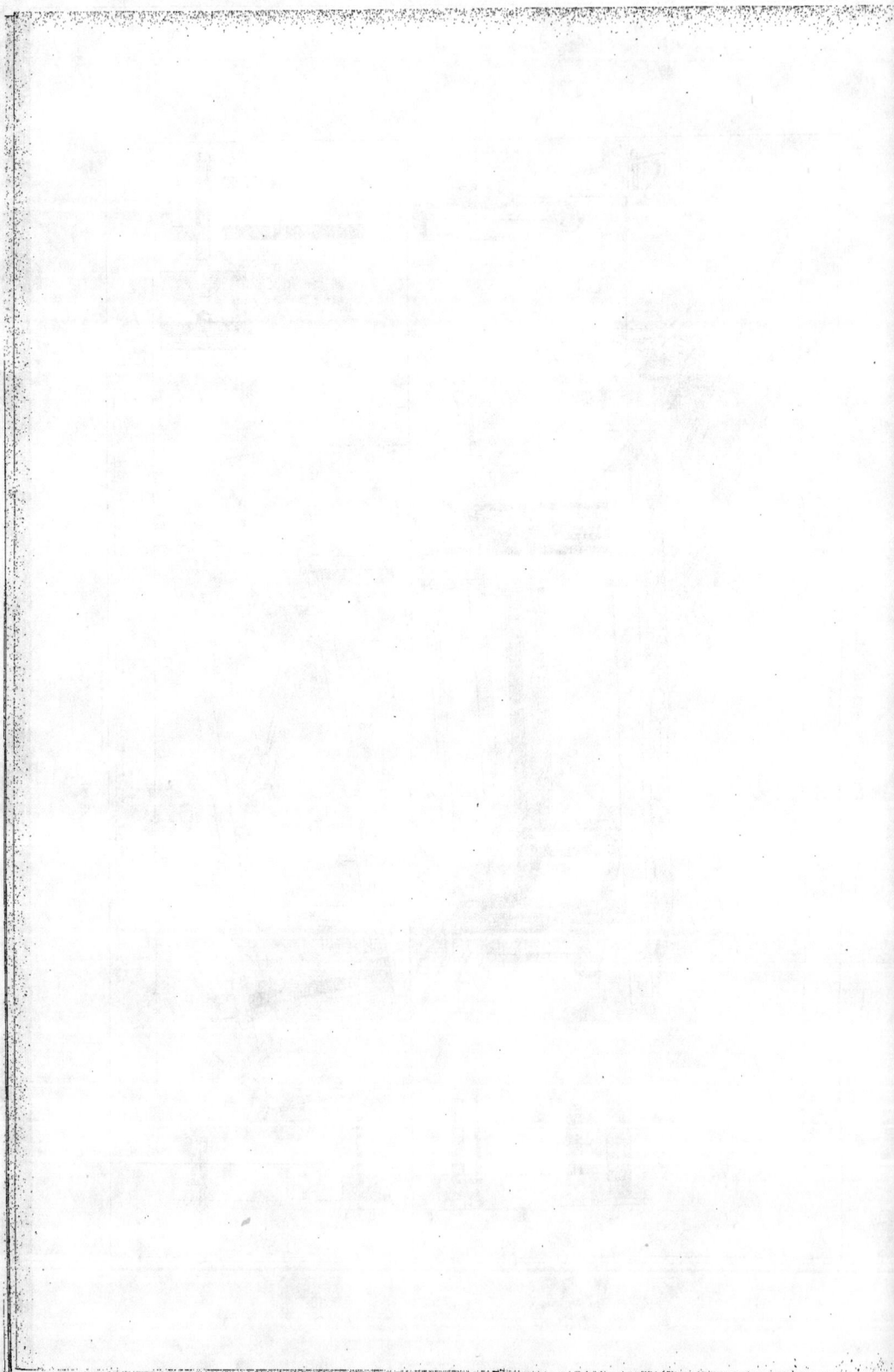

Pl. 37

L'ENSEIGNEMENT PROFESSIONNEL DU MENUISIER

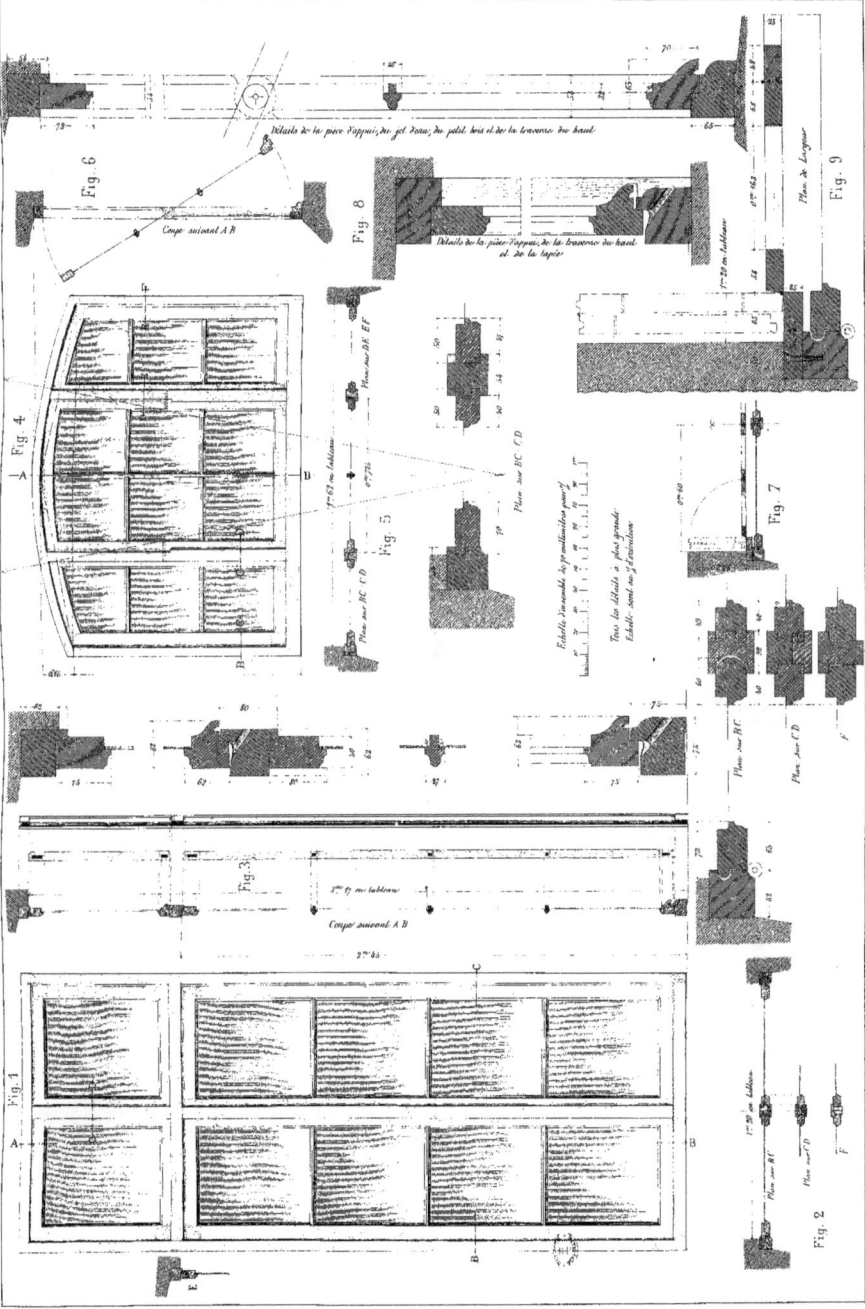

Fig. 1

Fig. 2

Fig. 3

Fig. 4

Fig. 5

Fig. 6

Fig. 7

Fig. 8

Fig. 9

Coupe suivant A B

Détails de la pièce d'appui, du jet d'eau, du palet, brisé et de la traverse du haut.

Détails de la pièce d'appui, de la traverse du haut et de la tapée.

Plan de Largeur

Plan sur BC CD

Plan sur BC CD

Plan sur BC EF

Plan sur BC

Plan sur CD

Plan sur BC

Plan sur CD

Coupe suivant A B

Échelle d'ensemble des graudeurs

Tous les détails a plus grande
Échelle sont au 1/5 grandeur

CROISÉE SIMPLE ET CROISÉE A BASCULE

L. Gautier, 43, rue de Dunkerque, Paris.

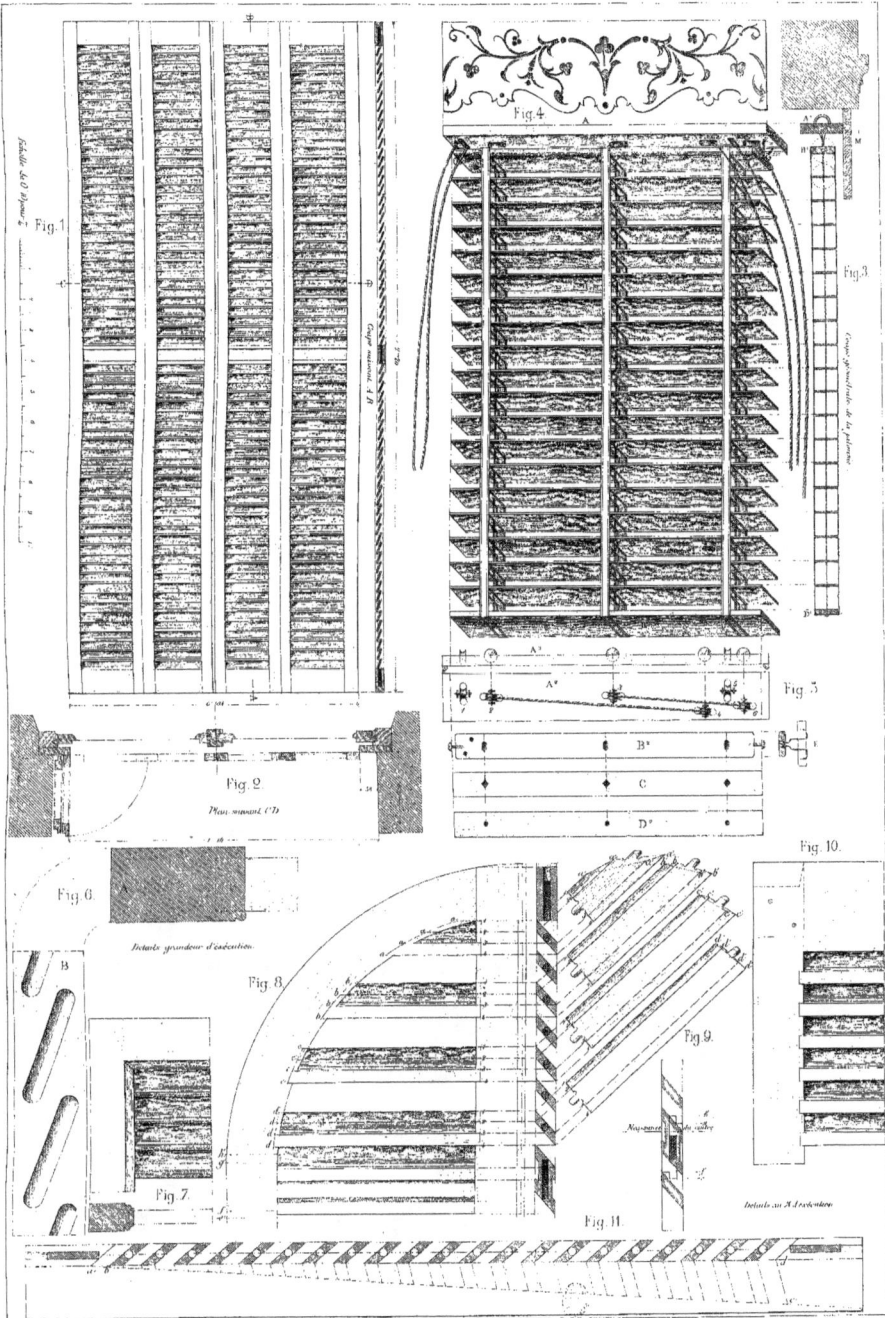

Fig. 1.   Fig. 2.   Fig. 3.

Fig. 4.   Fig. 5.   Fig. 6.

Fig. 7.   Fig. 8.   Fig. 9.

Fig. 10.   Fig. 11.   Fig. 12.

L. Jamin del   J. Courtür, 62, rue de Dunkerque, Paris.   E. Frad imp.

DIVERS PARQUETS POUR SOUBASSEMENTS DE PORTES COCHÈRES

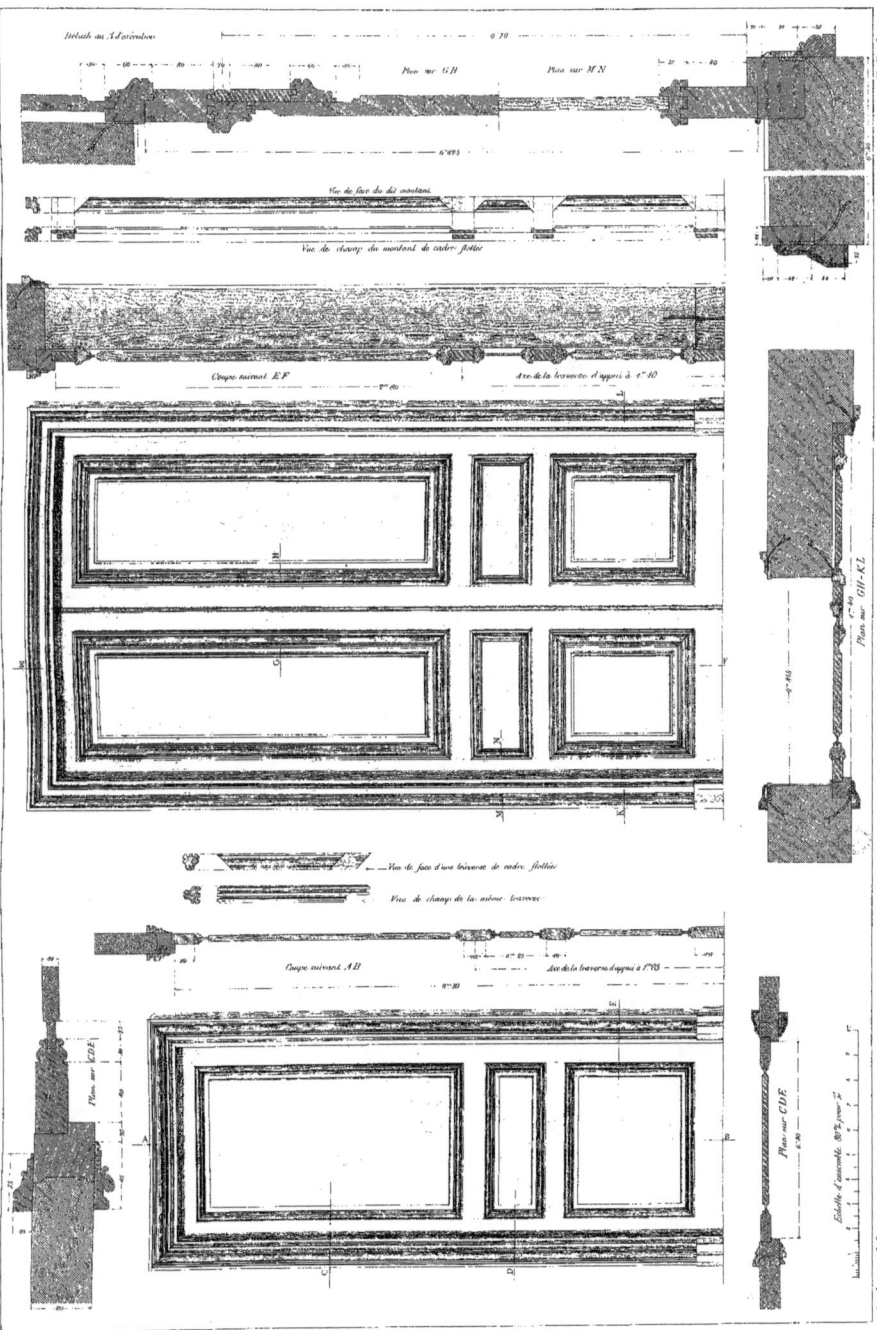

Détail au 1 d'exécution

Plan sur GH   Plan sur MN

Vue de face du dit montant

Vue de champ du montant de cadre flotté

Coupe suivant EF   Axe de la traverse d'appui à 1ᵐ40

Plan sur GH-KL

Vue de face d'une traverse de cadre flottée

Vue de champ de la même traverse

Coupe suivant AB   Axe de la traverse d'appui à 1ᵐ83

Plan sur CDE

Échelle d'ensemble de 2 pour 1

PORTE SIMPLE A PETIT CADRE A UN VANTAIL. — PORTE SIMPLE A GRAND CADRE FLOTTÉ EN LARGEUR

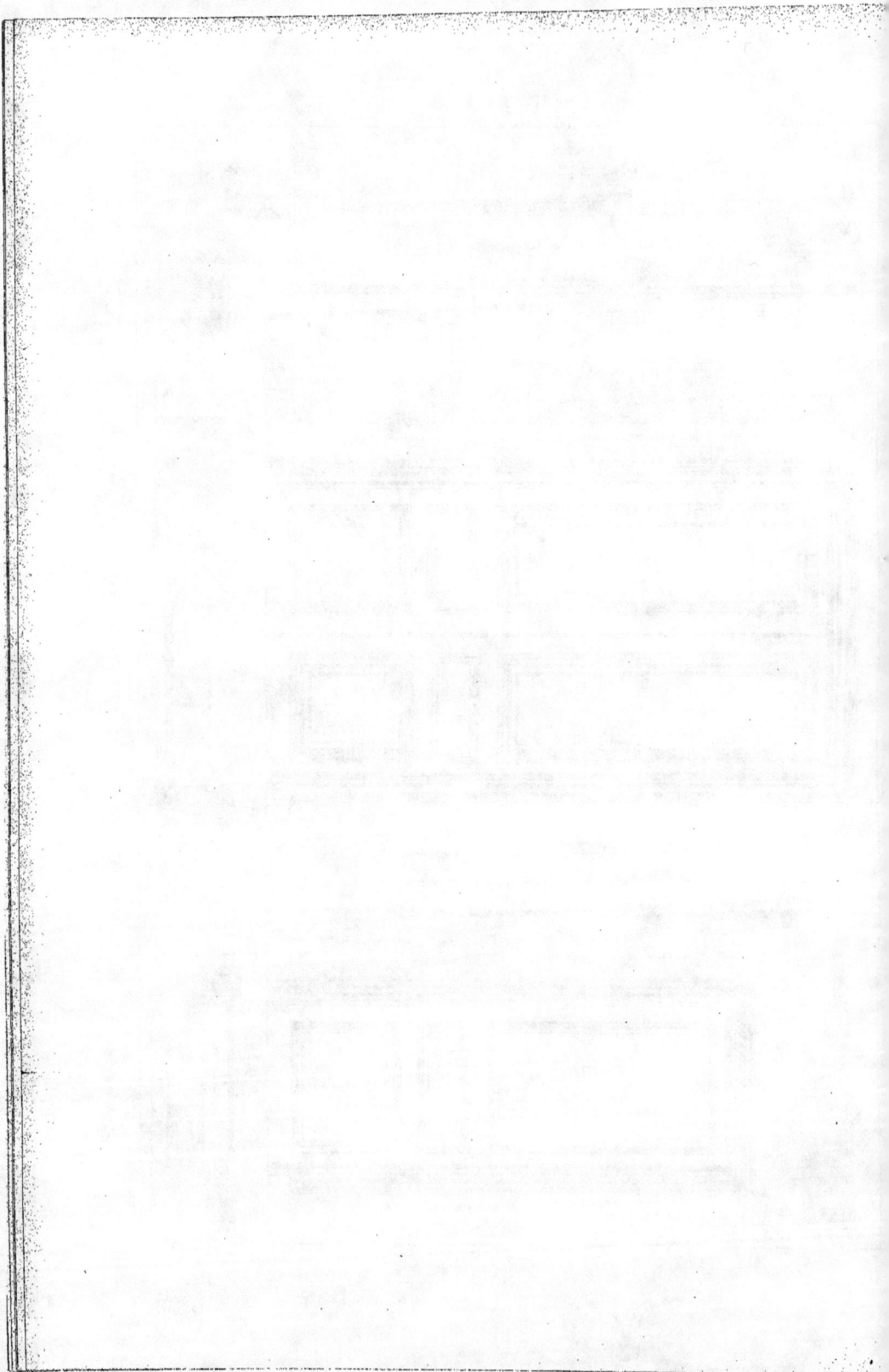

Coupe suivant C C

Vue du démontage d'un montant d'ossature de la porte

Coupe suivant B B

Coupe suivant A A

Plan suivant F G

Plan suivant D E

Plan suivant H K

Plan sur F

Échelle de 0ᵐ05 pour

Détails d'une coulisse pour bandeau en zinc

Détail en Sⁱ projection d'un montant de l'ossature de la porte pour fermeture en bois

PORTE DEVANTURE DE BOUTIQUE

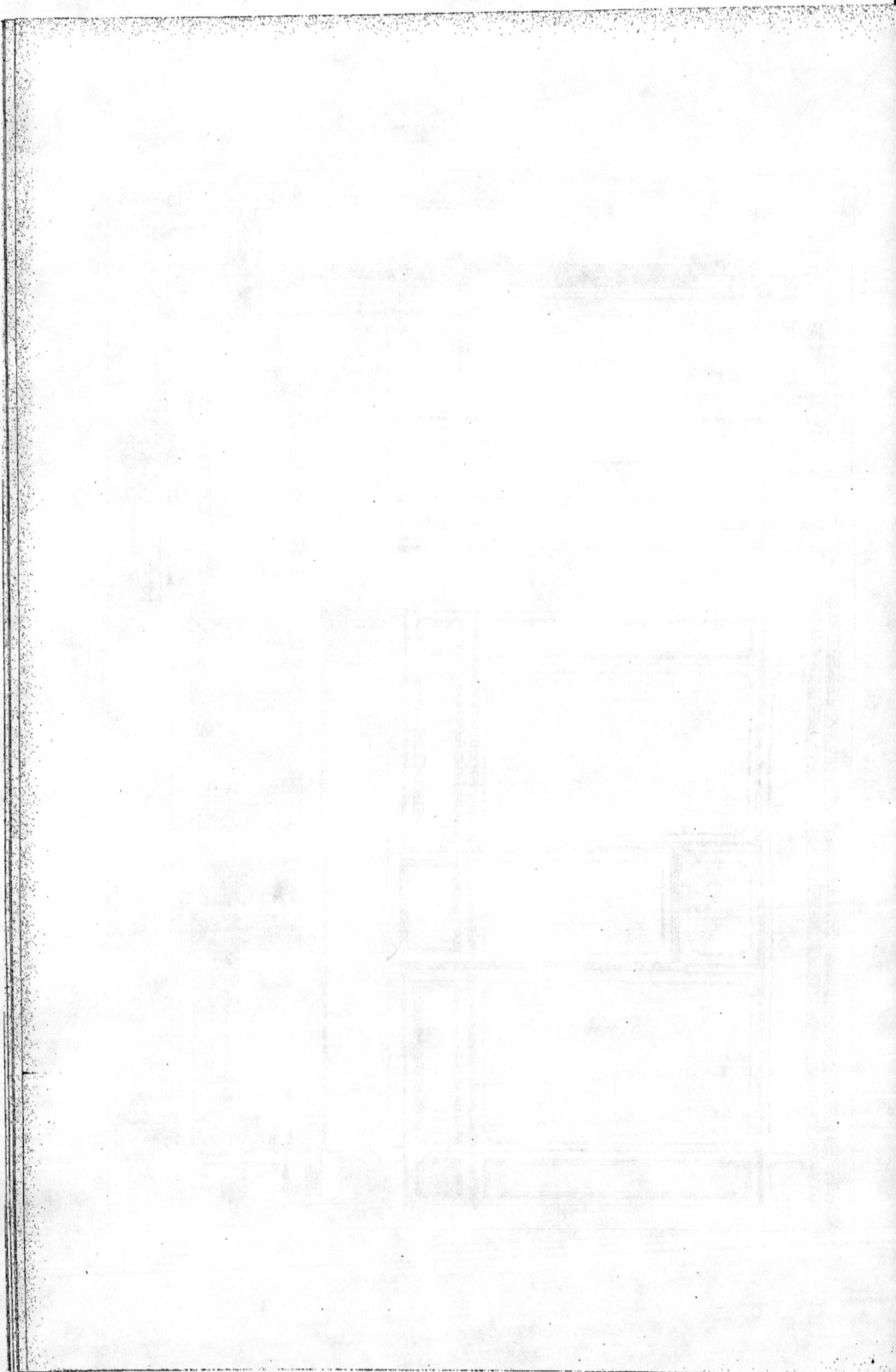

Fig. 1

Coupe devant A B

Coupe sur A B

Plan sur B C

Plan sur D E

Echelle ensemble de 0^m,08 par Mètre

Détails des petits bois

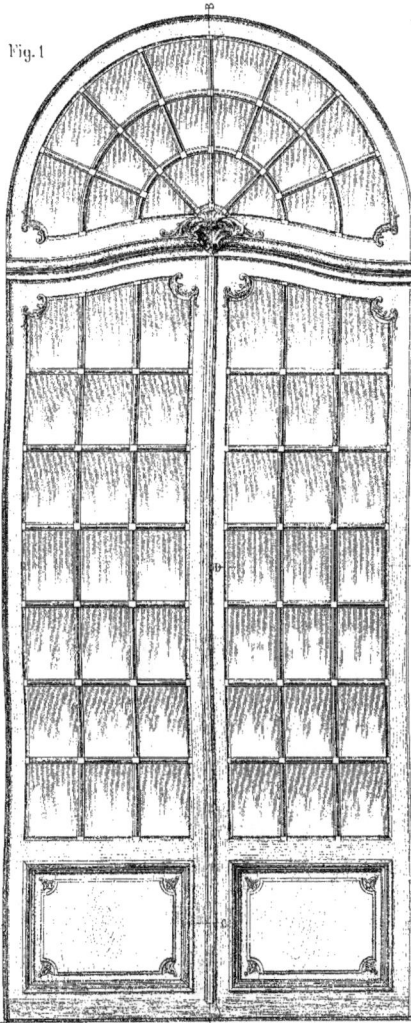

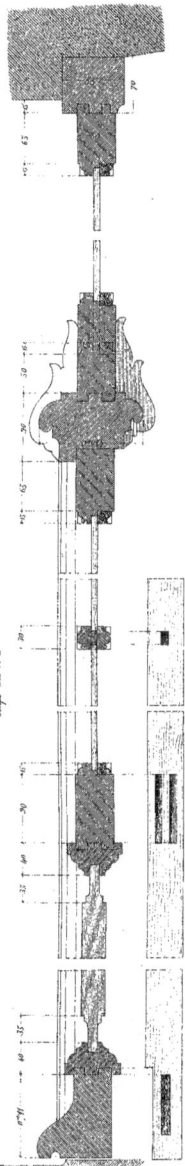

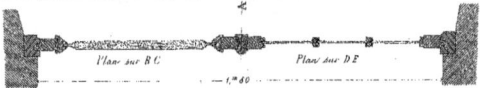

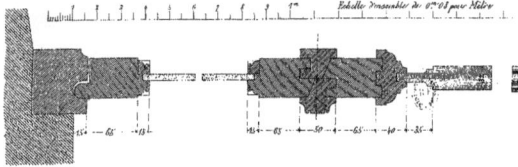

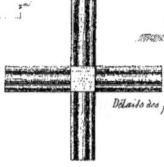

Les détails sont aux f d'exécution

L. Janin del.   Lemercier et Cie Rue de Seine 57 Paris   E. Frid sc

GRANDE PORTE VITRÉE POUR ENTRÉE DE VESTIBULE

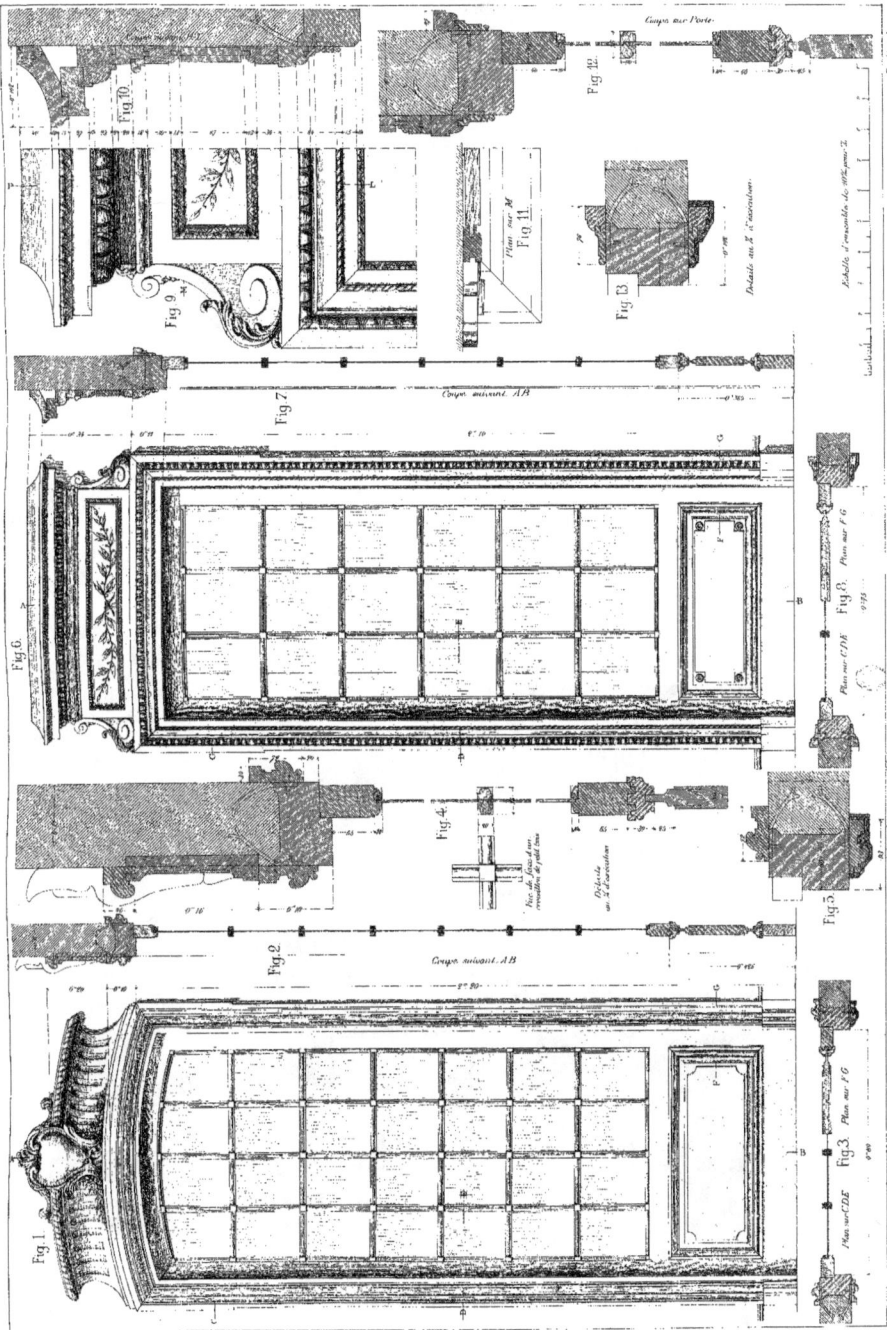

Pl. 43

L'ENSEIGNEMENT PROFESSIONNEL DU MENUISIER

Fig 1

Fig 2

Coupe suivant A B

Fig 3

Plan sur CDE

Fig 3

Plan sur F G

Fig 4

Défente au d'assemblage

Nez du feuil ou rencaillis de petit bois

Fig 5

Fig 6

Fig 7

Coupe suivant A A

Fig 8

Plan sur F G

Fig 3

Plan sur F D B

Fig 9

Fig 10

Coupe sur Porte

Fig 12

Plan sur M

Fig 11

Fig 13

Détails au 5e d'exécution

Échelle d'ensemble du 20e pour 1.

L. Castel, 43, rue de Rochechouart, Paris.

PETITES PORTES VITRÉES À UN VANTAIL

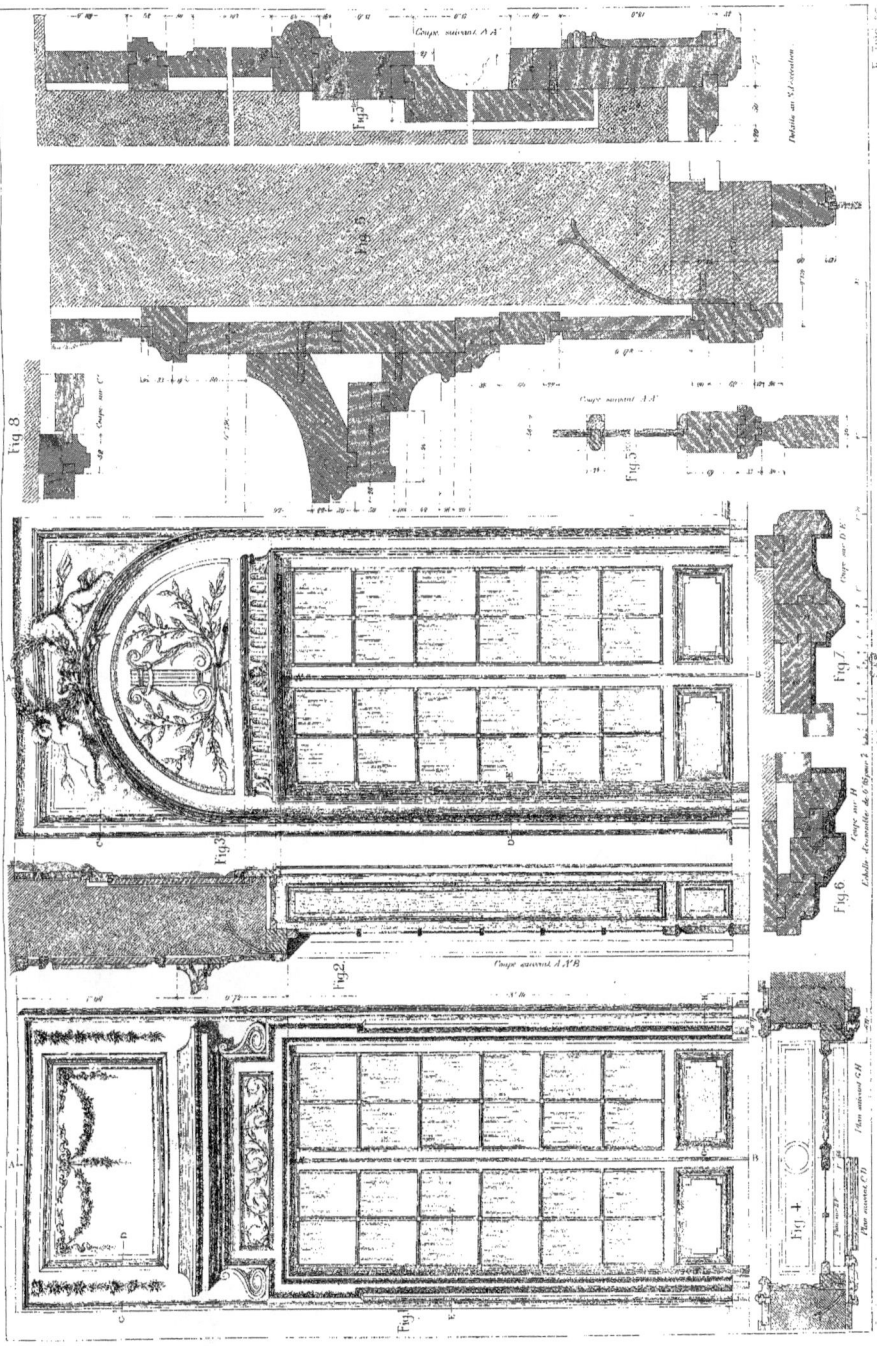

Fig. 8

Fig. 5

Fig. 2

Fig. 3

Fig. 7

Fig. 6

Fig. 1

Fig. 4

Coupe suivant A A

Coupe suivant A A

Coupe sur C

Coupe suivant A.N.B

Coupe sur D E

Coupe sur H

Plan suivant G.H

Plan suivant C.D

PORTE VITRÉE À DEUX VANTAUX

Échelle d'exécution de 0.05 pour 1 mètre

L. Courtin et Cie éditeurs, Paris

Pl. 43

Fig. 11

Coupe suivant AA'.

Fig. 10

Vue du parement opposé.

Fig. 13

Coupe sur MN

Fig. 12

Coupe sur CD

Détails mis à l'exécution.

Fig. 8

Coupe suivant A A'B

Fig. 7

Fig. 9

Plan sur CD

Plan sur EF-MN

Fig. 5

Fig. 4

Coupe suivant A A'

Vue du parement opposé.

Fig. 6

Détails mis à l'exécution

Coupe sur GH

Plan sur CD

Plan sur X X

Fig. 2

Coupe suivant A A'B

Fig. 1

Fig. 3

Plan sur KL

Plan sur EF-GH

Échelle d'ensemble de 0.05 pour 1

PETITES PORTES A UN VANTAIL AVEC IMPOSTE

L. Courtier, 43, rue de Seine, Paris.

E. Prud. sc.

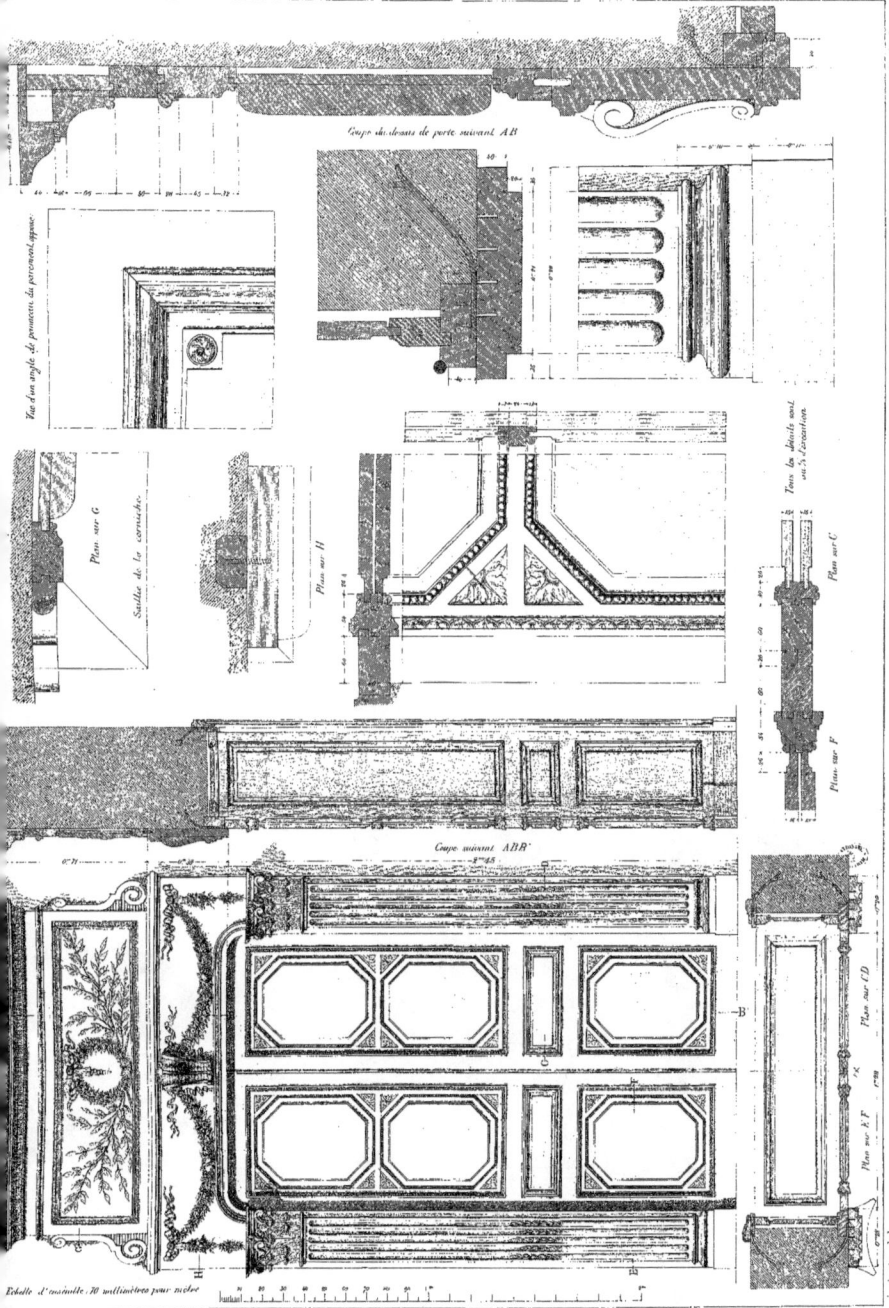

Coupe du dessus de porte suivant AB

Vue d'un angle de première du parement appuyé

Plan sur G

Saillie de la corniche

Plan sur H

Tous les détails sont vus 3/4 d'exécution

Plan sur E

Plan sur F

Coupe suivant ABB'

Plan sur EF

Plan sur CD

Echelle d'ensemble 70 millimètres pour mètre

L. Janin del.

Imprimé par Ch. Chardon Ainé 30 Rue S.ᵗ Hyacinthe S.ᵗ Honoré Paris

PETITE PORTE D'INTÉRIEUR A DEUX PAREMENTS DIFFÉRENTS

Plan du pilastre
et du tailloir du chapiteau

DETAILS AU ¼ D'EXÉCUTION DU DESSUS DE PORTE ET LA RAMPE &c.

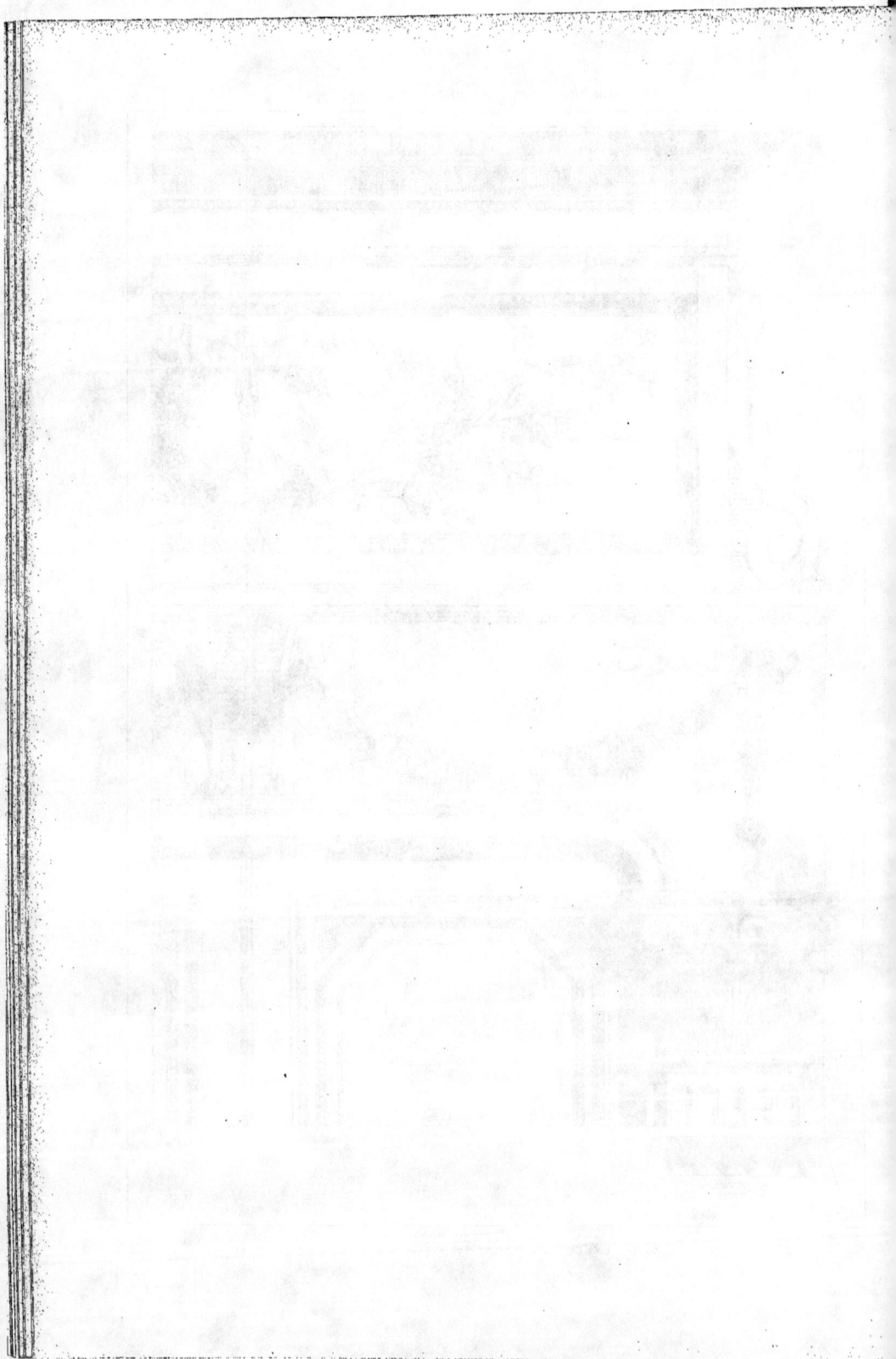

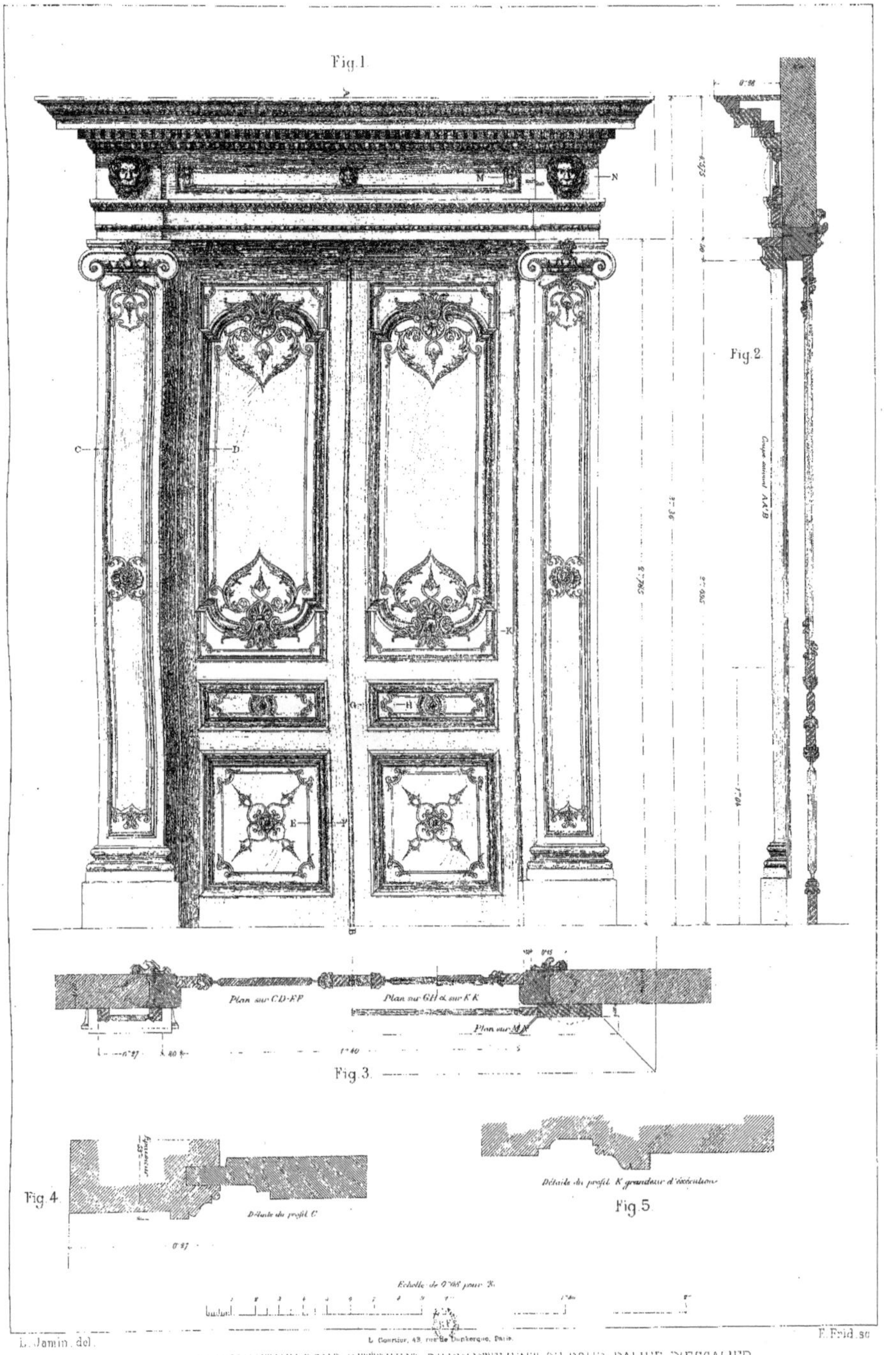
Fig. 1
Fig. 2
Coupe suivant AA'B
Plan sur CD-EF
Plan sur GH & sur KK
Plan sur MN
Fig. 3
Fig. 4
Détails du profil C
Détails du profil K grandeur d'exécution
Fig. 5
Echelle de 0m08 pour 1m

L. Jamin. del. L. Courtier, 43, rue de Dunkerque, Paris. E. Frid. sc.

PORTE A DEUX VANTAUX POUR INTÉRIEUR D'APPARTEMENT OU POUR PALIER D'ESCALIER

Fig.1

Fig.2

Coupe suivant AB

Fig.3

Fig.4

plan sur C.D   *plan sur K*

L. Jamin del.

E.Frad sc.

DÉTAILS AU ¼ D'EXÉCUTION DE LA PORTE PLANCHE 48

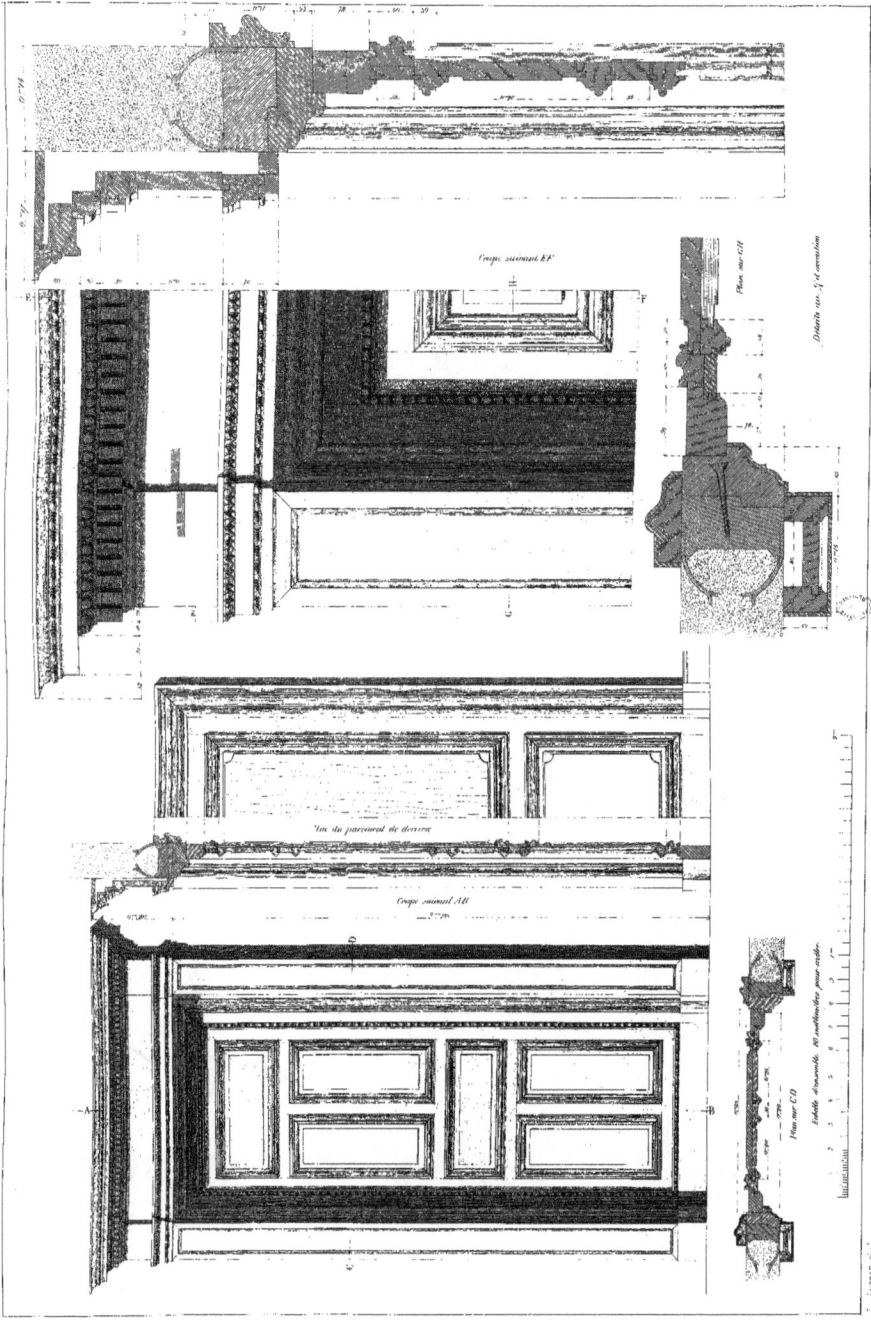

PETITE PORTE D'INTÉRIEUR A UN VANTAIL A DEUX PAREMENTS DIFFÉRENTS

Pl. 51

Fig. 7.

Coupe sur OP

Coupe sur AA'

Coupe sur Pilastre.

Fig. 5.

Fig. 9.

Fig. 6.

Fig. 4.

Fig. 8.

Coupe suivant ANB

Fig. 2.

Plan du Pilastre et du Tableau du chapiteau

Fig. 1.

Plan sur F   Plan sur G   Plan sur H K

Plan sur CE   Échelle de 0.05 pour 1

Plan sur D

Fig. 3.

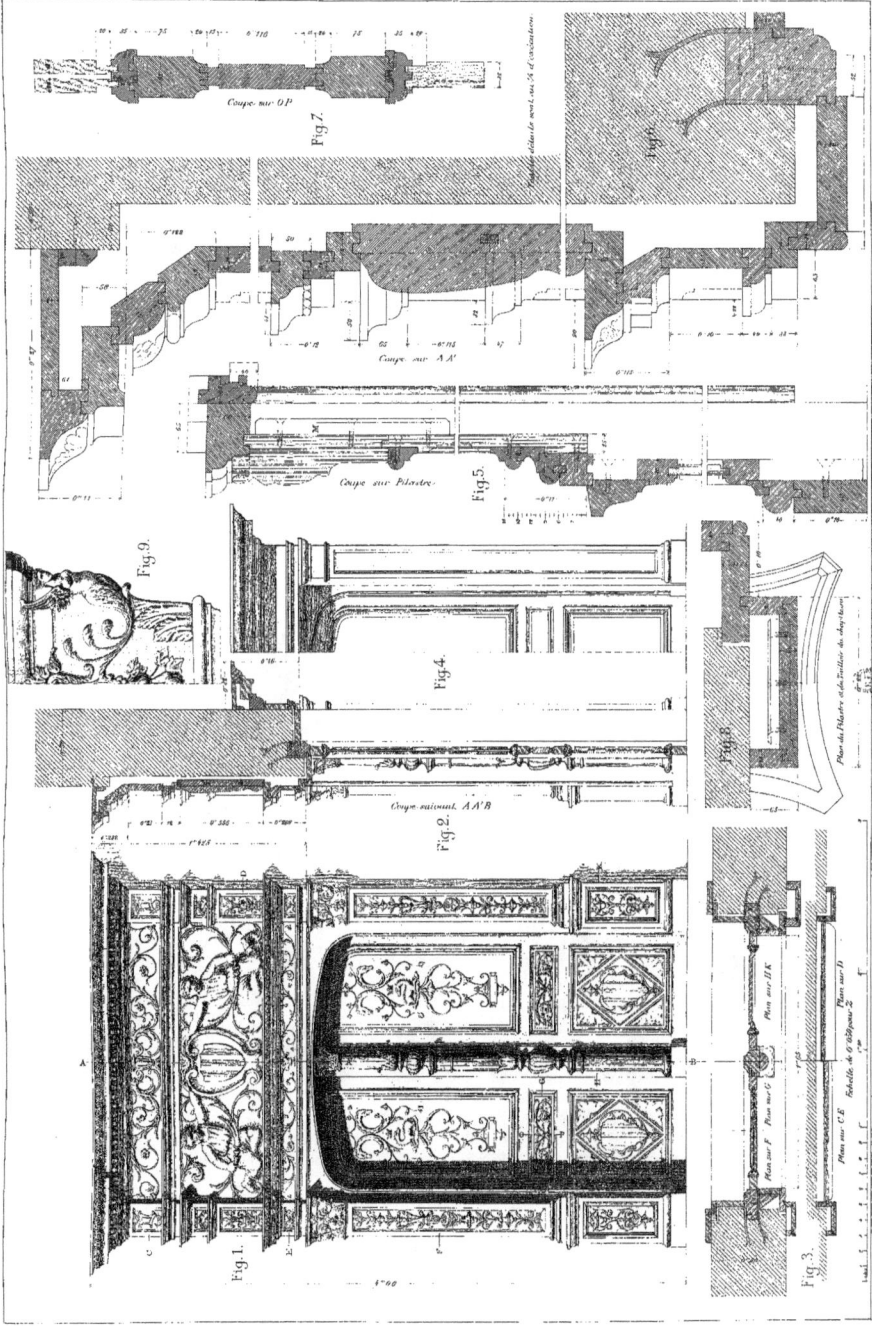

PORTE PALIÈRE OU POUR INTÉRIEUR D'APPARTEMENT.

L. Courtier, Éditeur, 19 rue de Dunkerque, Paris

Pl. 52

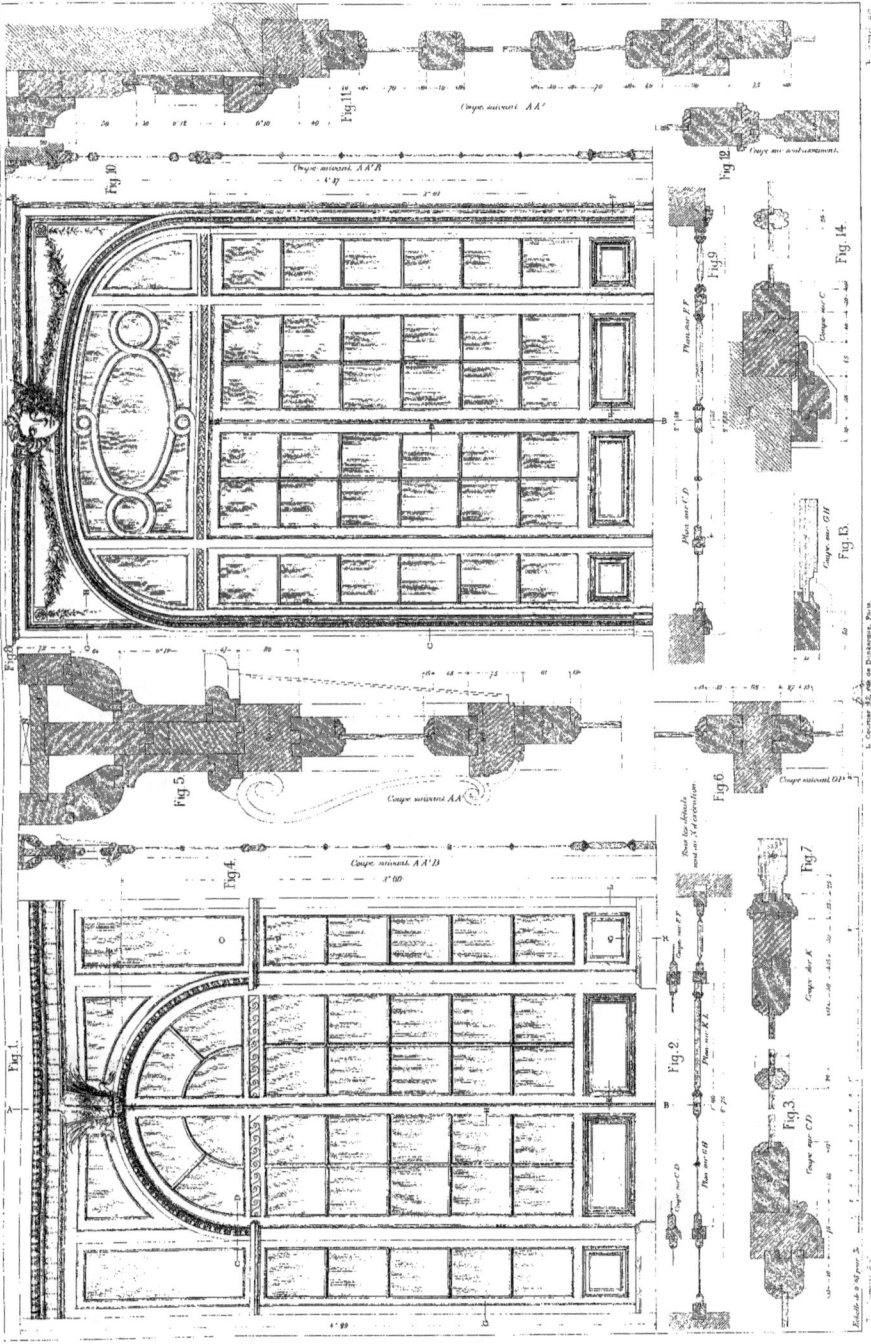

CLOISONS VITRÉES

Pl. 53

Fig. 5

Fig. 6

Fig. 3

Coupe suivant A B

Fig. 4

Fig. 1

Fig. 2.

Échelle de 0^m0bj pour 1^m

Plan sur C D

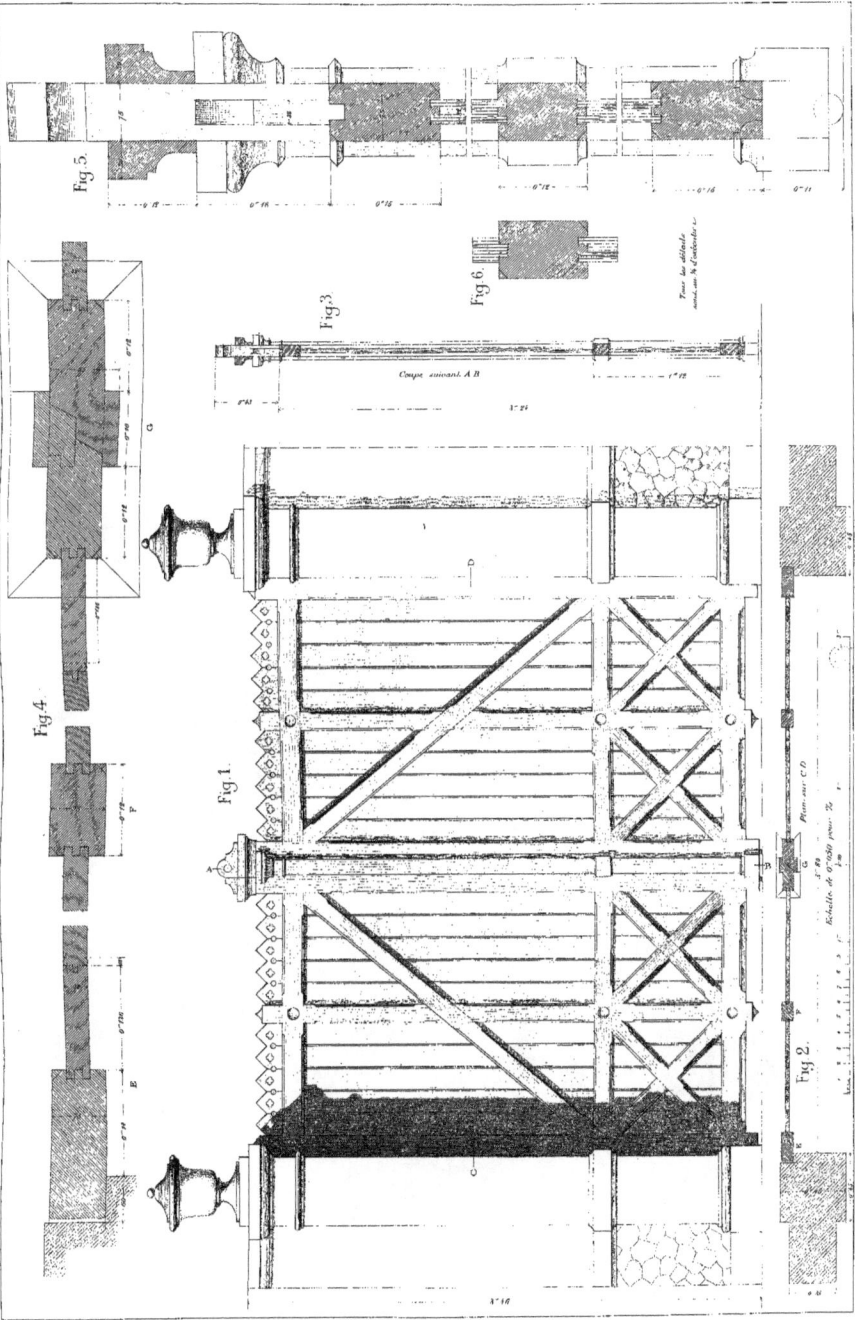

PORTE CHARRETIÈRE

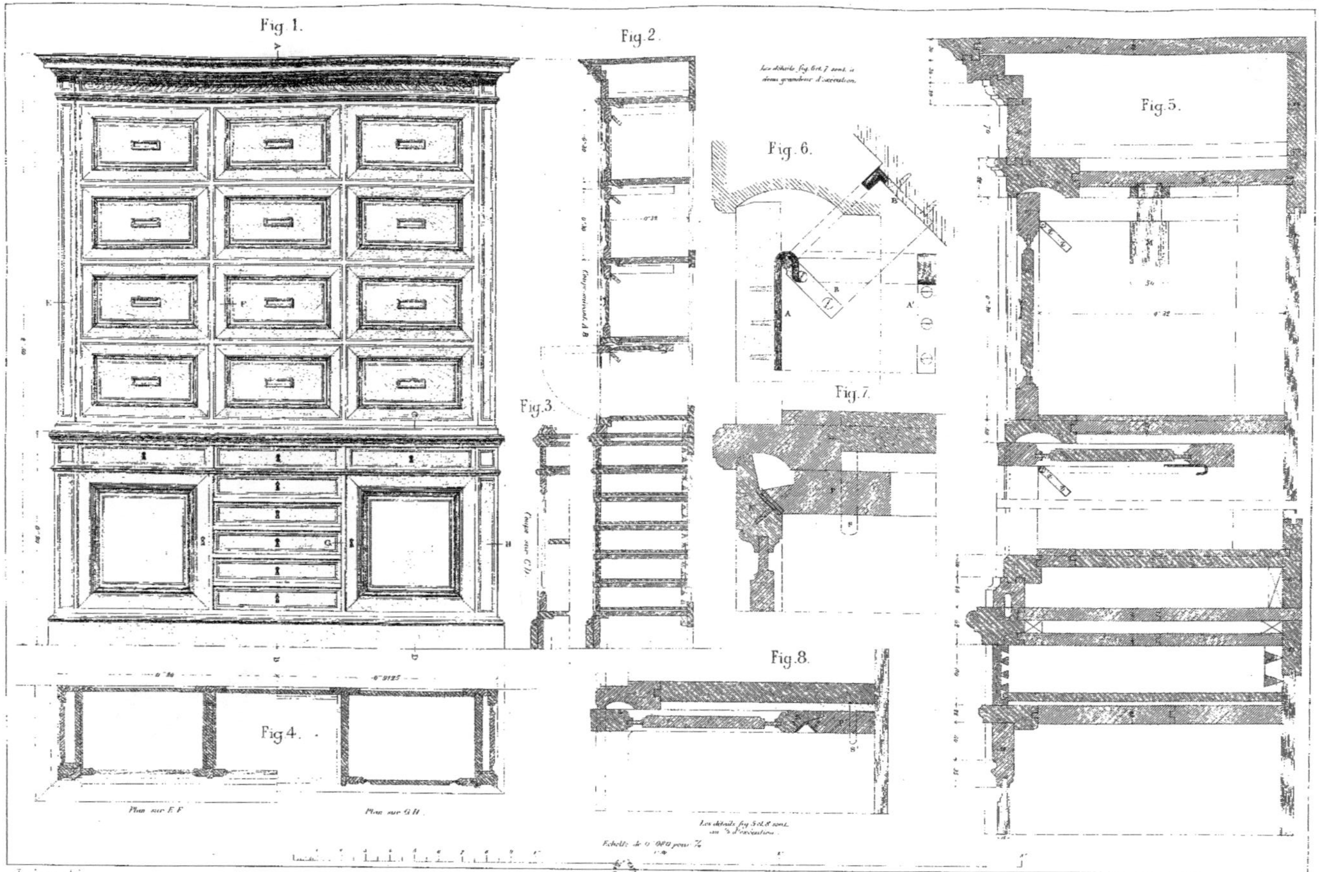
Fig. 1.
Fig. 2.
Coupe suivant A B
Fig. 3.
Coupe sur C D
Fig. 4.
Plan sur E F
Plan sur G H
Fig. 5.
Fig. 6.
Fig. 7.
Fig. 8.
Les détails fig. 6 et 7 sont à demi grandeur d'exécution.
Les détails fig. 5 et 8 sont au ⅕ d'exécution.
Echelle de 0,080 pour 1m

L. Jamin del.

L. Courtier, 43, rue de Dunkerque, Paris

E. Faudi sc.

CASIER À FRAPPES

Fig. 1.

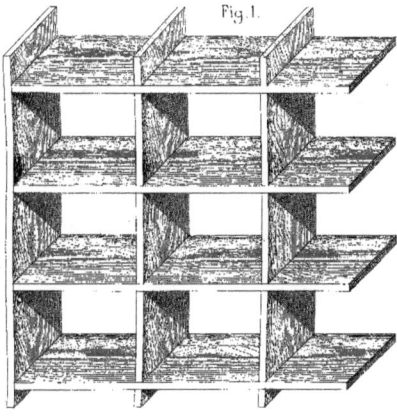

A'

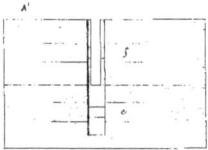

D

B

Fig. 2.

A

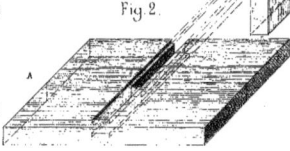

B'

Fig. 3.

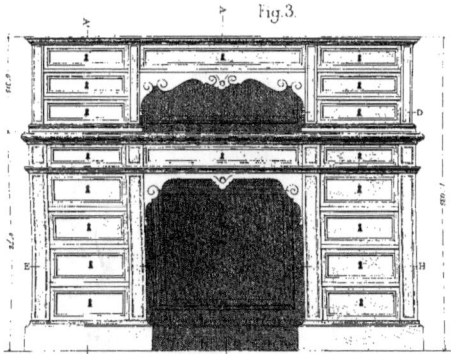

Fig. 7.

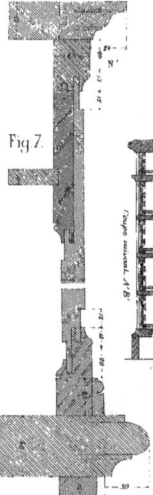

Fig. 4.

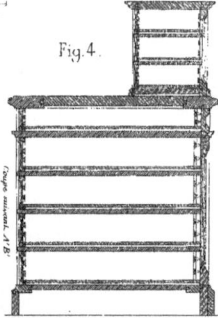

Tous les détails sont dont grandeur d'exécution.

Fig. 6.

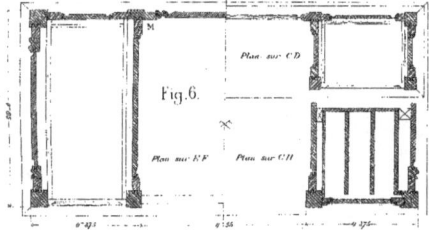

Plan sur C D

Plan sur E F   Plan sur C H

Fig. 9.

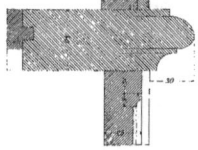

N

Fig. 5.

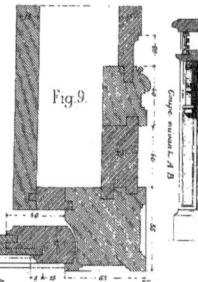

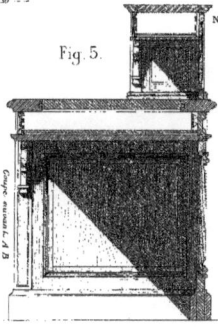

Fig. 8.

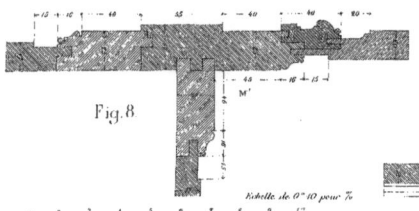

M'

Échelle de 0.m 10 pour 1.

L. Jamin del   L. Courtier, 49, rue de Dunkerque, Paris.   N. Imp. sc

ASSEMBLAGE DE CASIER ET BUREAU MINISTRE

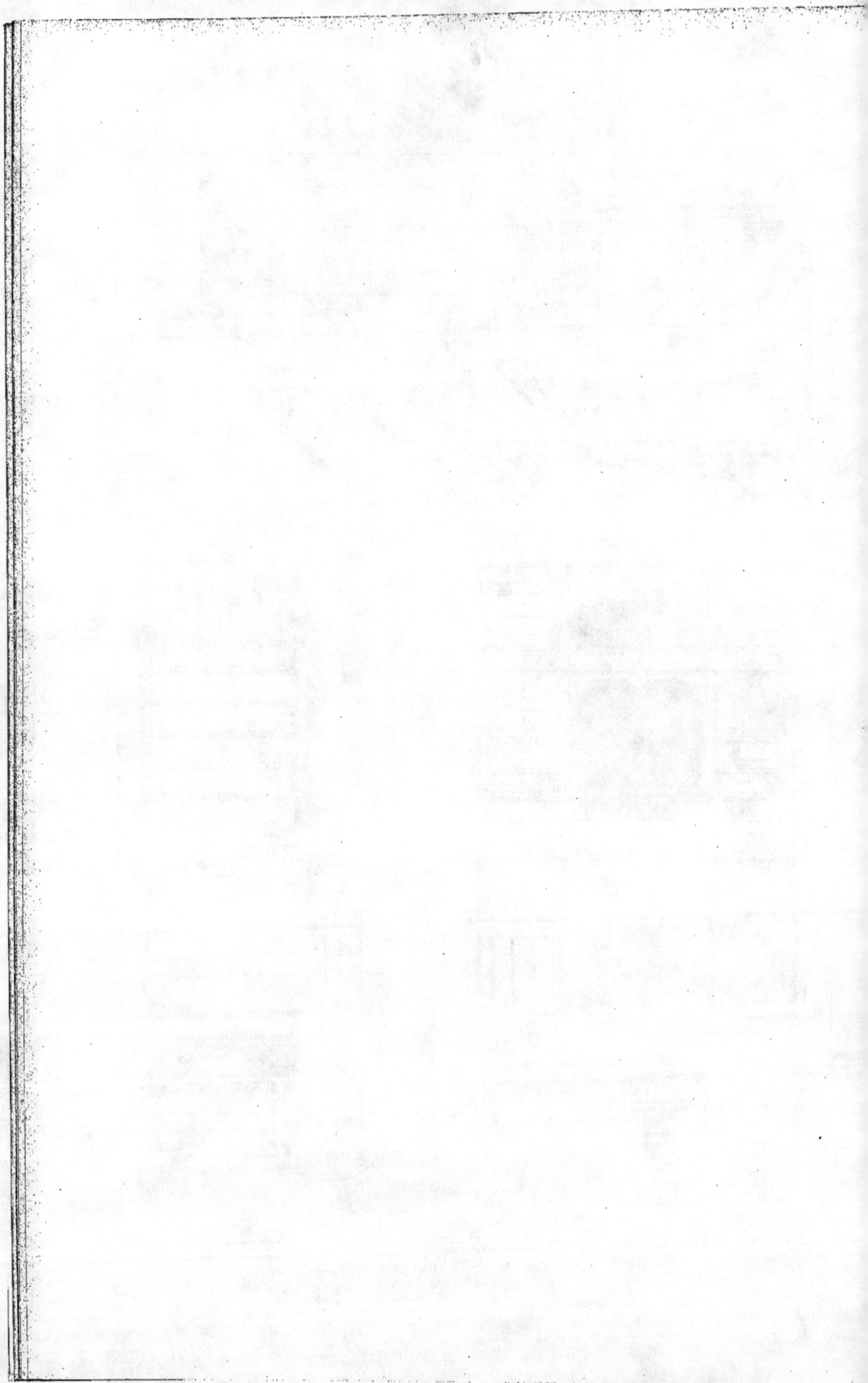

Pl. 56

L'ENSEIGNEMENT PROFESSIONNEL DU MENUISIER

Fig 8

Fig 9

Fig 10

Fig 11

Fig 12

Plan sur CD

Fig 7

A

Fig 5

Fig 6

Fig 1

A

B

Fig 2

Coupe sur A B

Coupe sur E F

Plan mesuré, CD

Fig 3

Coupe sur EF au ⅓ d'inclinaison

Fig 4

Plan sur les parties supérieures

Échelle de 0ᵐ05 pour ¾

STALLE D'ÉCURIE ET PORTE-HARNAIS

G. Jamin. del.

E. Ird. sc.

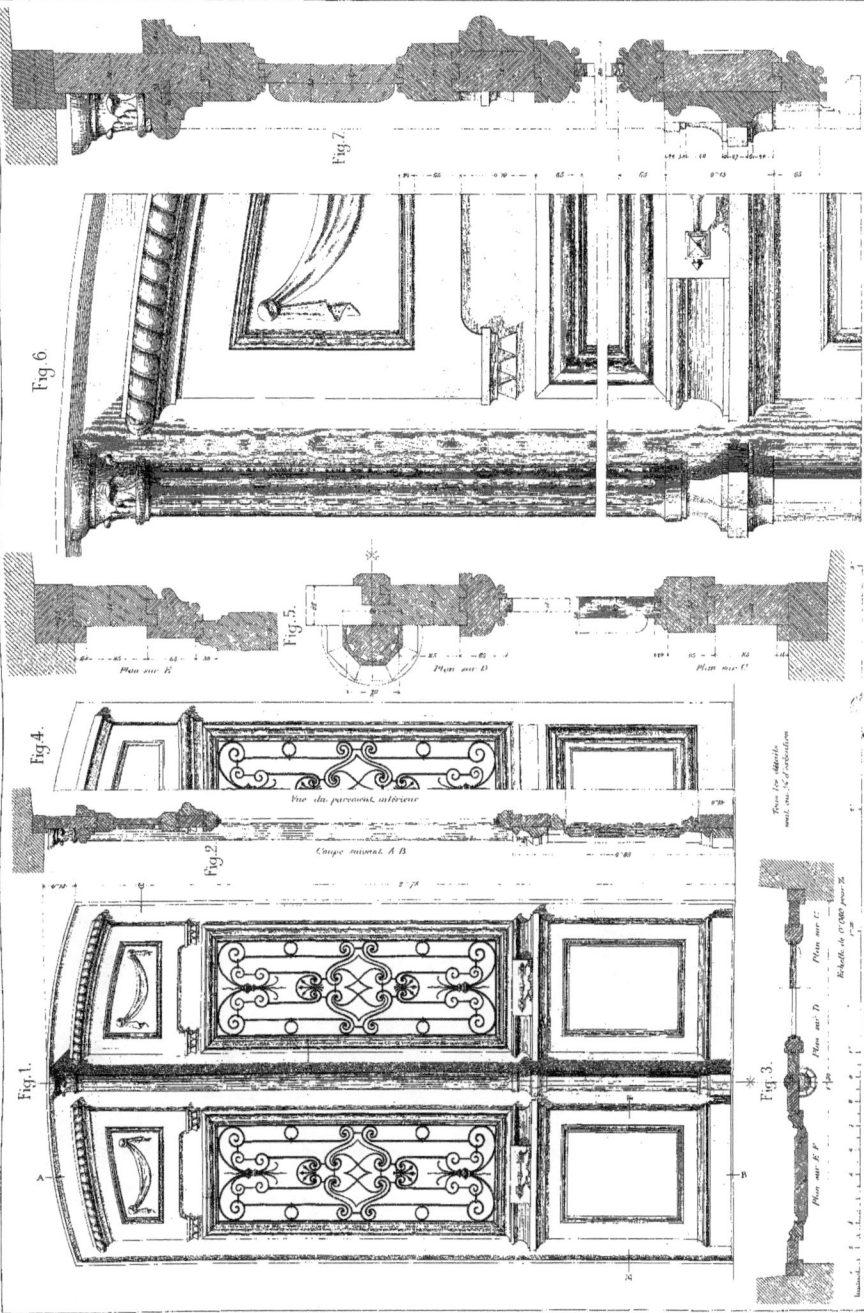

L'ENSEIGNEMENT PROFESSIONNEL DU MENUISIER

Fig. 6

Fig. 7

Fig. 5

Fig. 4

Plan sur E

Plan sur D

Plan sur C

Fig. 1

Fig. 2

Fig. 3

Vue du panneau intérieur

Coupe suivant A B

A

B

E

Plan sur E F

Plan sur D

Plan sur C

Échelle de 0^m,083 pour 1^m

PETITE PORTE D'ENTRÉE (DITE BATARDE) AVEC PANNEAU DE MILIEU EN FONTE

L. Chartier, éd. rue de Beaurepaire, Paris.

E. Frit sc.

E. Enid sc.

Détail du haut du battant.

Détail de la base du battant.

Plan sur F.

Plan sur B.

Plan sur E.

Plan sur F.

Vue du parement intérieur

Coupe suivant A B

Plan sur F

Plan sur E

Plan sur D

Plan sur C

L. Jamin del

PETITE PORTE D'ENTRÉE DITE BATARDE

Échelle d'ensemble de 0m 05 pour 1

Fig. 1.   Fig. 2.   Fig. 3.   Fig. 5.

Fig. 4.

Plan sur C   Plan sur D   Plan sur E   Plan sur F

Tous les détails sont au 3/4 d'exécution.

Fig. 6.   Fig. 7.

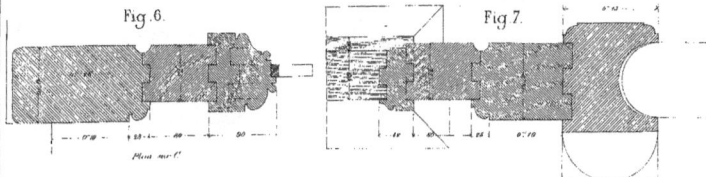

Plan sur F

Echelle de 0,070 pour 1m

L. Courtier, 43, rue de Dunkerque, Paris.

PETITE PORTE COCHÈRE EN CHÊNE (BOIS APPARENT)

Pl 60.

L'ENSEIGNEMENT PROFESSIONNEL DU MENUISIER

DIFFÉRENTES DISPOSITIONS DE VOLETS INTÉRIEURS ET DE LEUR FERMETURE
DEMI-GRANDEUR D'EXÉCUTION

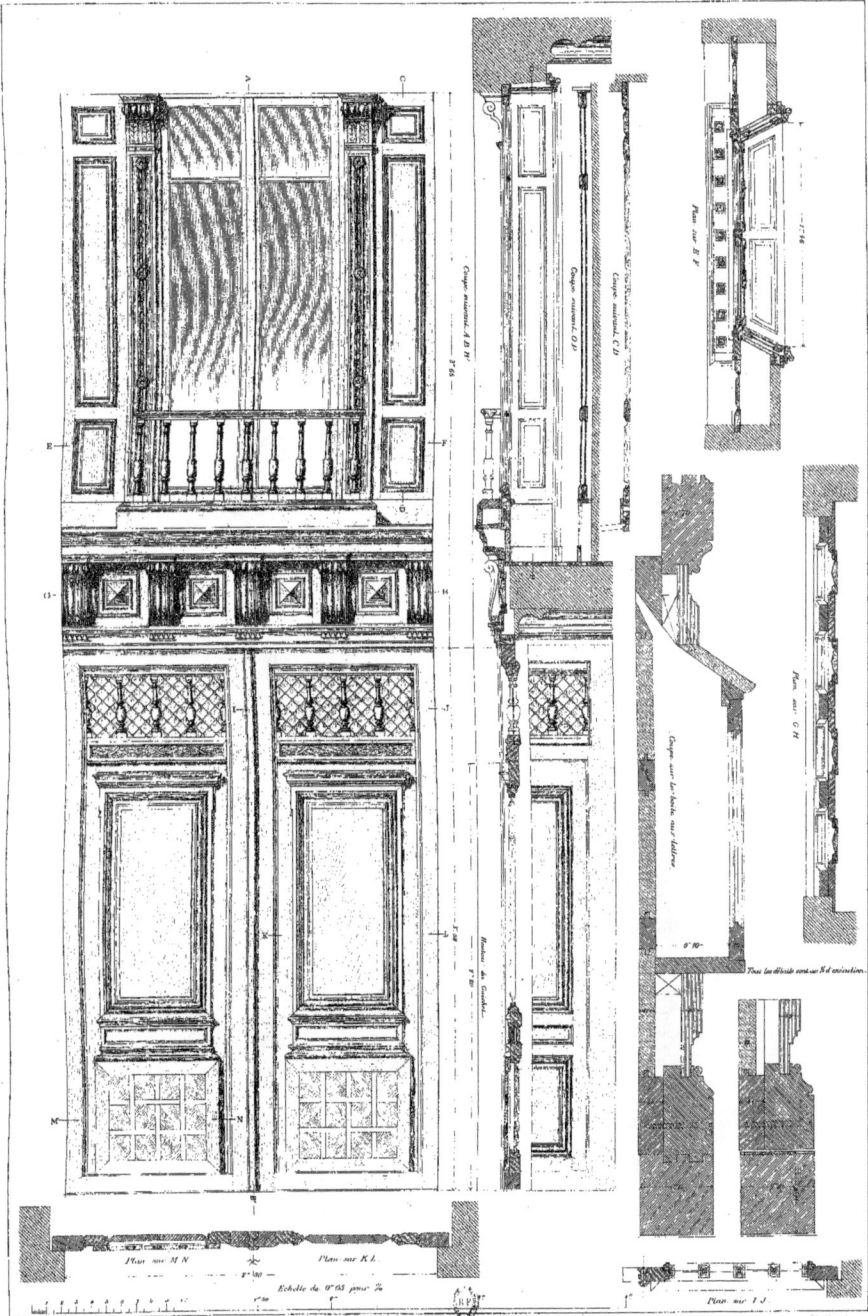

PORTE COCHÈRE AVEC BALCON (EN BOIS APPARENT)

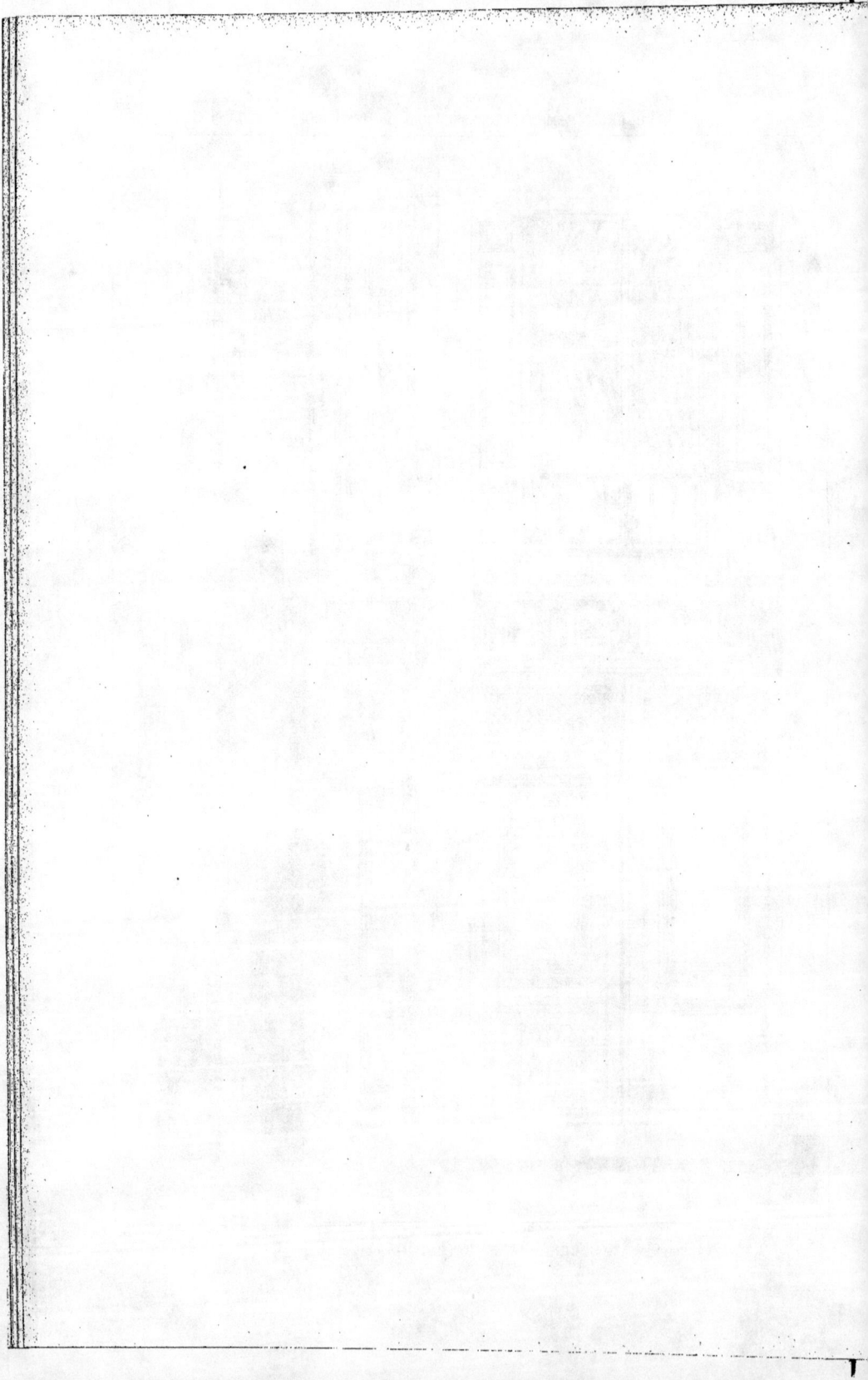

Fig.1.

Fig.2.

Fig.3.

Fig.4.

Coupe suivant A.B.

L. Jamin del.

DÉTAILS AU ½ D'EXECUTION DE LA PORTE COCHÈRE PLANCHE 61

DÉTAILS AUX ½ D'EXÉCUTION DE LA PORTE COCHÈRE PLANCHE 61

L. Courtier, 42, rue de Dunkerque, Paris.

PORTE COCHÈRE EN CHÊNE DE CHOIX (BOIS APPARENT)

Fig.1.

Fig.2.

Fig.3.

Fig.4.

Fig.5.

DÉTAILS AU ¼ D'EXÉCUTION DE LA PORTE COCHÈRE PLANCHE 64

Fig. 1.

Fig. 2.

Fig. 3.

Fig. 4.

Fig. 5.

Fig. 6.

Plan sur O.H.

Plan sur C.D.

Plan sur I.L.

Plan sur M.N.

Coupe sur la colle vis à vis du linteaux.

Coupe sur le seuil.

L. Jamin del.   L. Courtier, 43, rue de Dunkerque, Paris   E. Frid. sc.

DÉTAILS AU ¼ D'EXÉCUTION DE LA PORTE COCHÈRE PLANCHE 64.

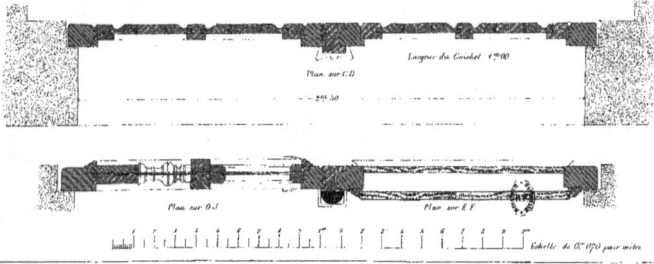

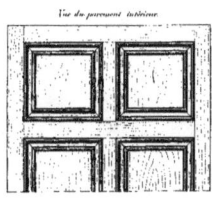

L. Jamin del.

IMP. A. DELAMOTTE, 8, R. de Vaugirard, Paris.

E. Frid. sc.

PORTE COCHÈRE EN ARCHIVOLTE A ANSE DE PANIER (VIEUX CHÊNE)

Pl 68-69

L'ENSEIGNEMENT PROFESSIONNEL DU MENUISIER

Tourné — Carré — n° 5. n° 1.

Carré — Tourné — Carré — Tourné — Carré — Tourné — Carré

Plan d'un Balustre de Chandelle

Vue de champ du pied de retour de la Corde assemblée à bout de gâche

Ligne extérieure de la Corde du gros Bois

A

G

K

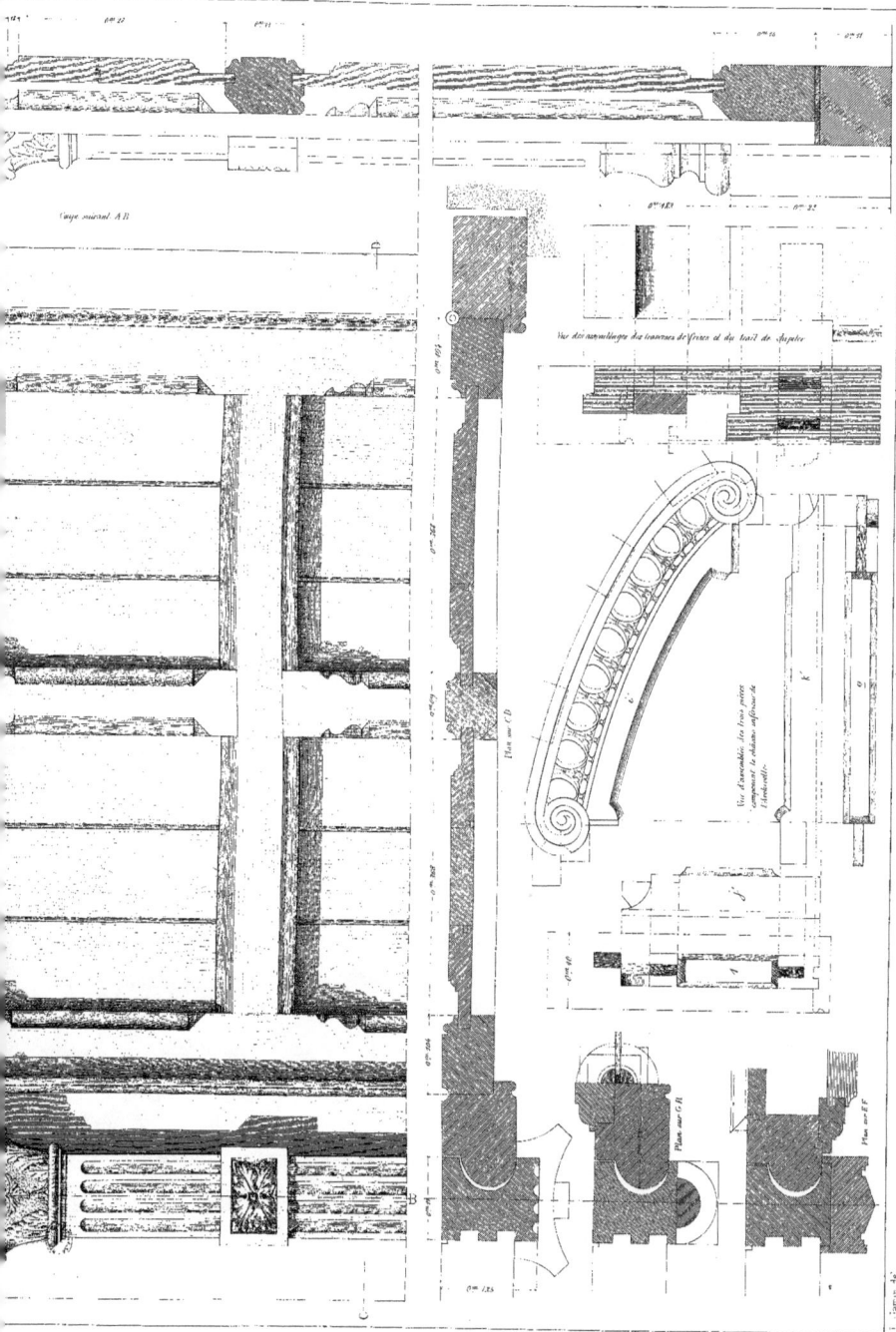

Imp. à BLANCHE & de Jacquot, Paris

Coupe suivant A B

Plan sur C D

Plan sur G H

Plan sur E F

Vue des assemblages des lumières de fonte et du trait de Jupiter

Vue d'assemblage des trois pièces composant le chassis inférieur de l'imposte

DÉTAIL AU ¼ D'EXÉCUTION DE LA PARTIE HAUTE DE LA PORTE COCHÈRE Pl. 67

Jamin del.

Fig. 1.

Fig. 2.

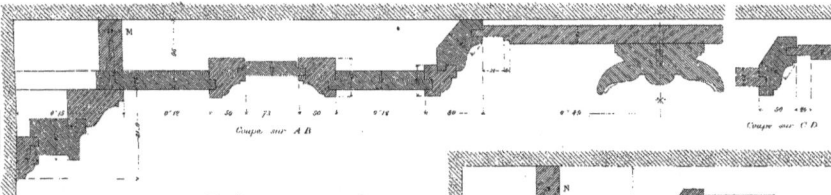

Coupe sur A B   Coupe sur C D

Fig. 3.

Coupe sur E F

Coupe sur G H

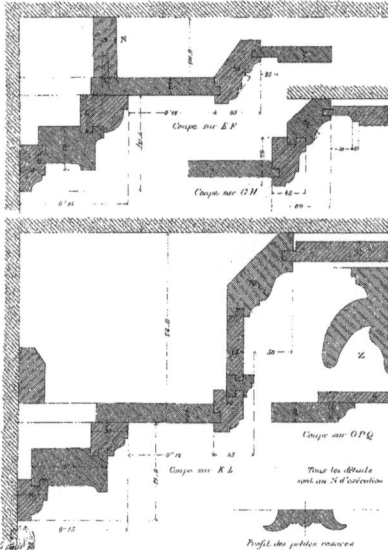

Coupe sur O P Q

Coupe sur K L

Tous les détails
sont au ⅓ d'exécution

Profil des petites corniches

Échelle de 0ᵐ05 pour 1ᵐ

L. Courtier, 43, rue de Dunkerque, Paris.

L. Jamin del.   E. Frad sc.

ÉTUDES DE PLAFONDS

Fig. 1.

Fig. 2.

Fig. 3.

Fig. 7.

Fig. 9.

Fig. 4.

Plan sur K.

Fig. 5.

Fig. 8.

Plan sur G H.

Fig. 6.

Plan sur C D.

Échelle de 0,010 pour 1.

L. Damin del.

L. Courtier, 49, rue de Dunkerque, Paris.

H. Fraipont sc.

ÉLÉVATION, COUPES, PLANS ET DÉTAILS D'UNE CHEMINÉE

MARCHE-PIED A RAMPES MOBILES ET ESCABEAU MOBILE DE FORMES DIVERSES

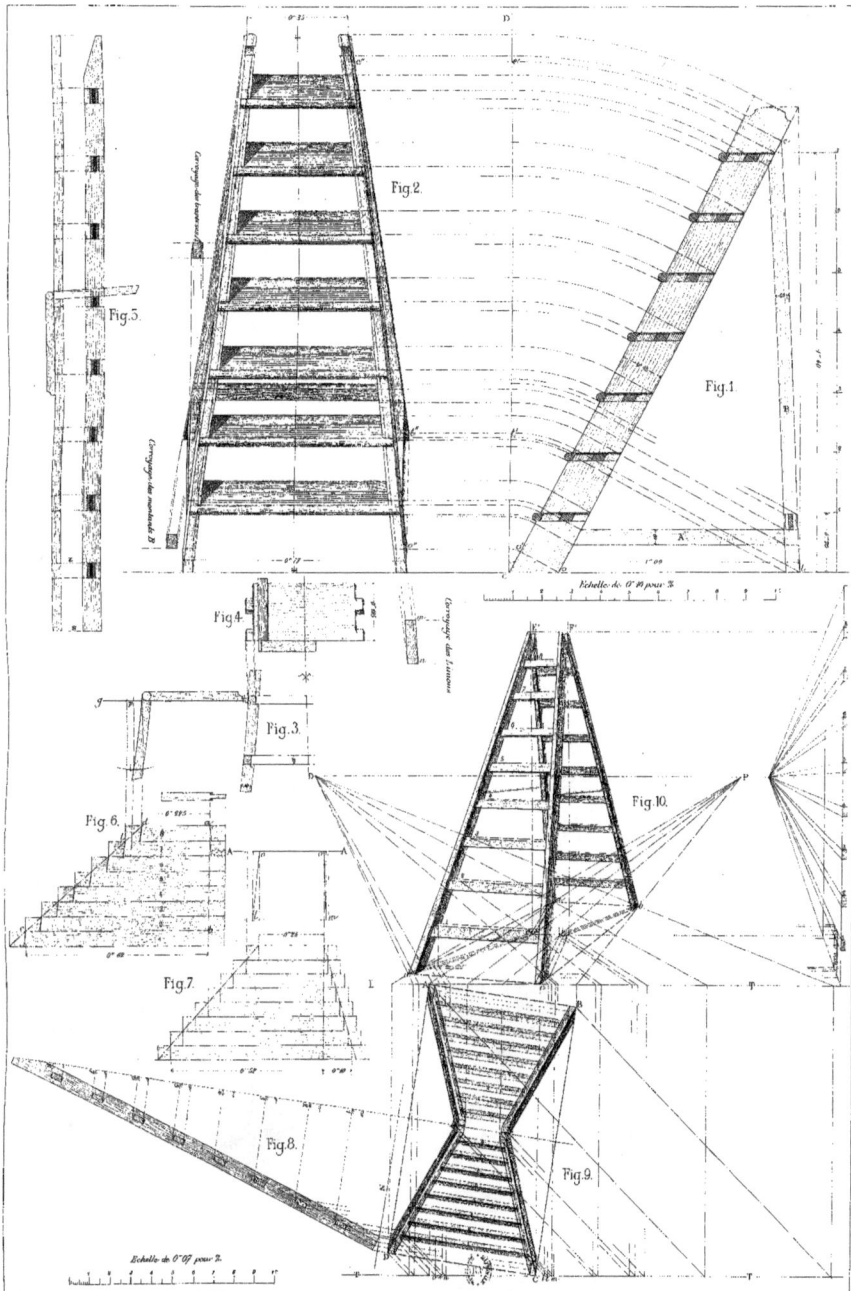

Fig.2.

Fig.5.

Fig.1.

Fig.4.

Fig.3.

Fig.6.

Fig.10.

Fig.7.

Fig.8.

Fig.9.

Échelle de 0".10 pour %

Échelle de 0".07 pour %

MARCHE PIED FIXE, TRACÉ DE L'ÉCHELLE DOUBLE SANS FAIRE DE PLAN
ET VUE PERSPECTIVE DE L'ÉCHELLE

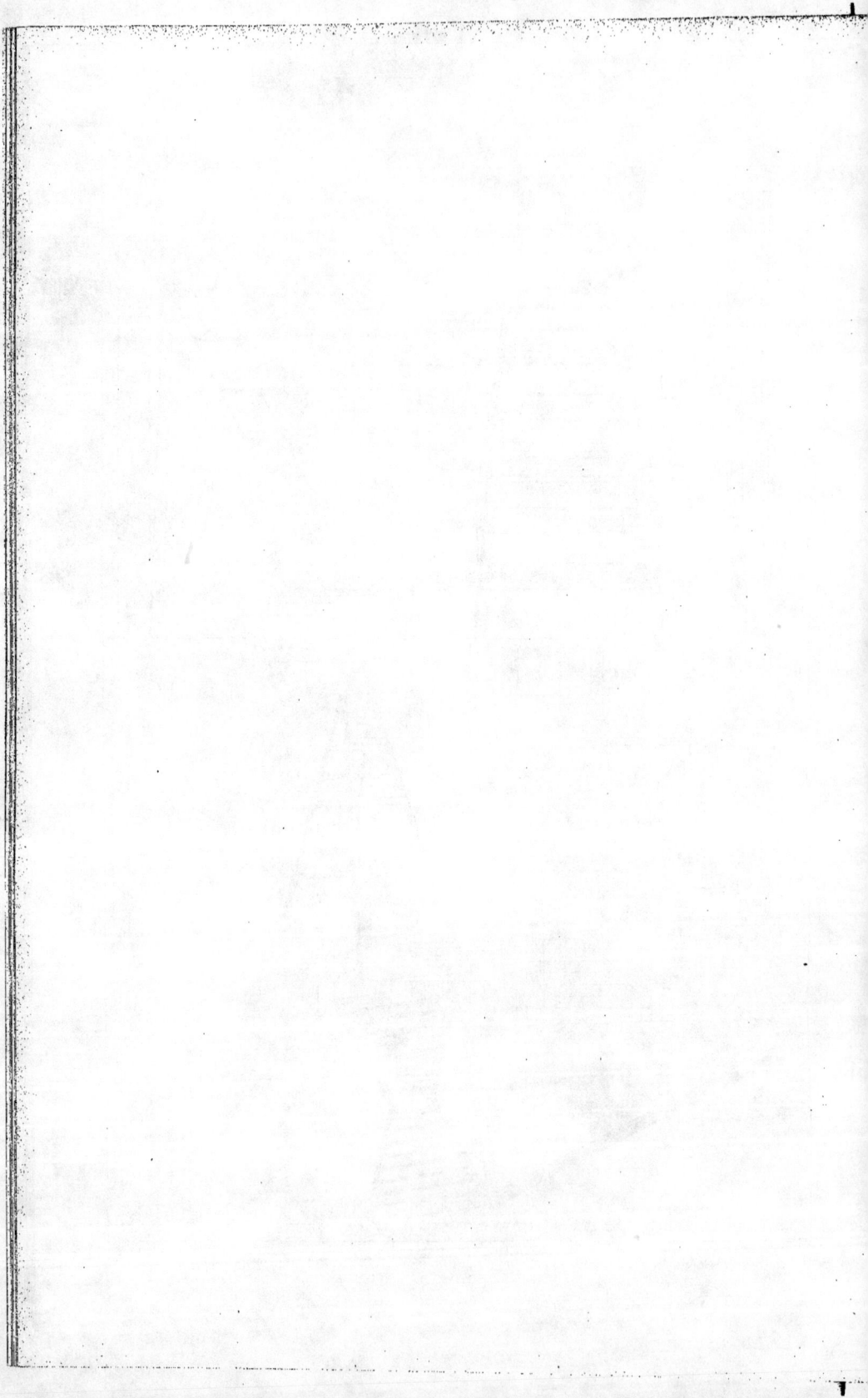

Détail de marches
au ¼ d'exécution.

Fig. 7

D

P

Menuisier

Charpentier

Fig. 1

Fig. 3

Fig. 2

Fig. 4

Menuisier

T

Détail
de
la Rampe
au ¼ d'exécution

T

Fig. 5

Fig. 6

Échelle de 0ᵐ,02 pour 1ᵐ

L. Camin del.

IMP. A. DELATTRE, 6 r. Racine, Paris

F. Ford sc.

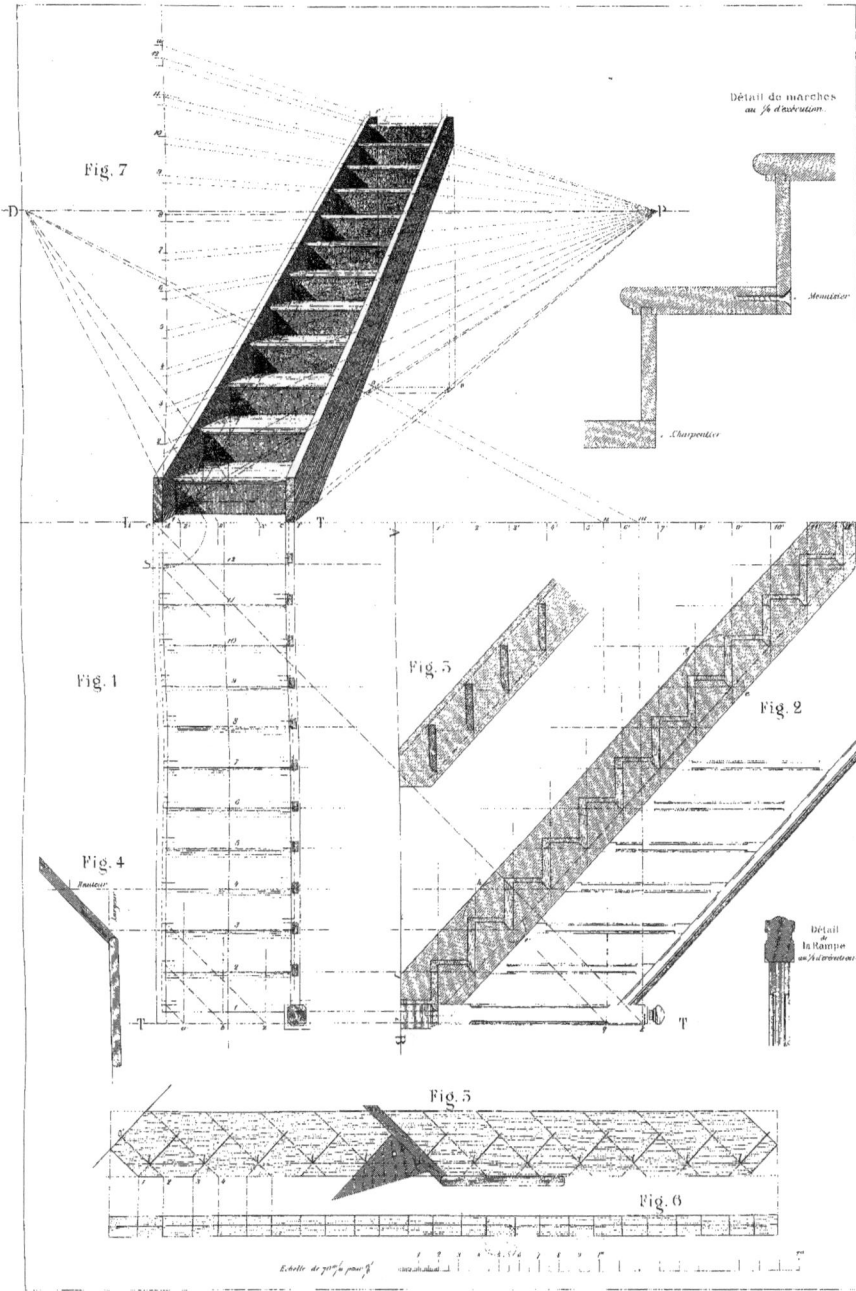

TRACÉ D'UN ESCALIER DROIT DIT ÉCHELLE DU MEUNIER

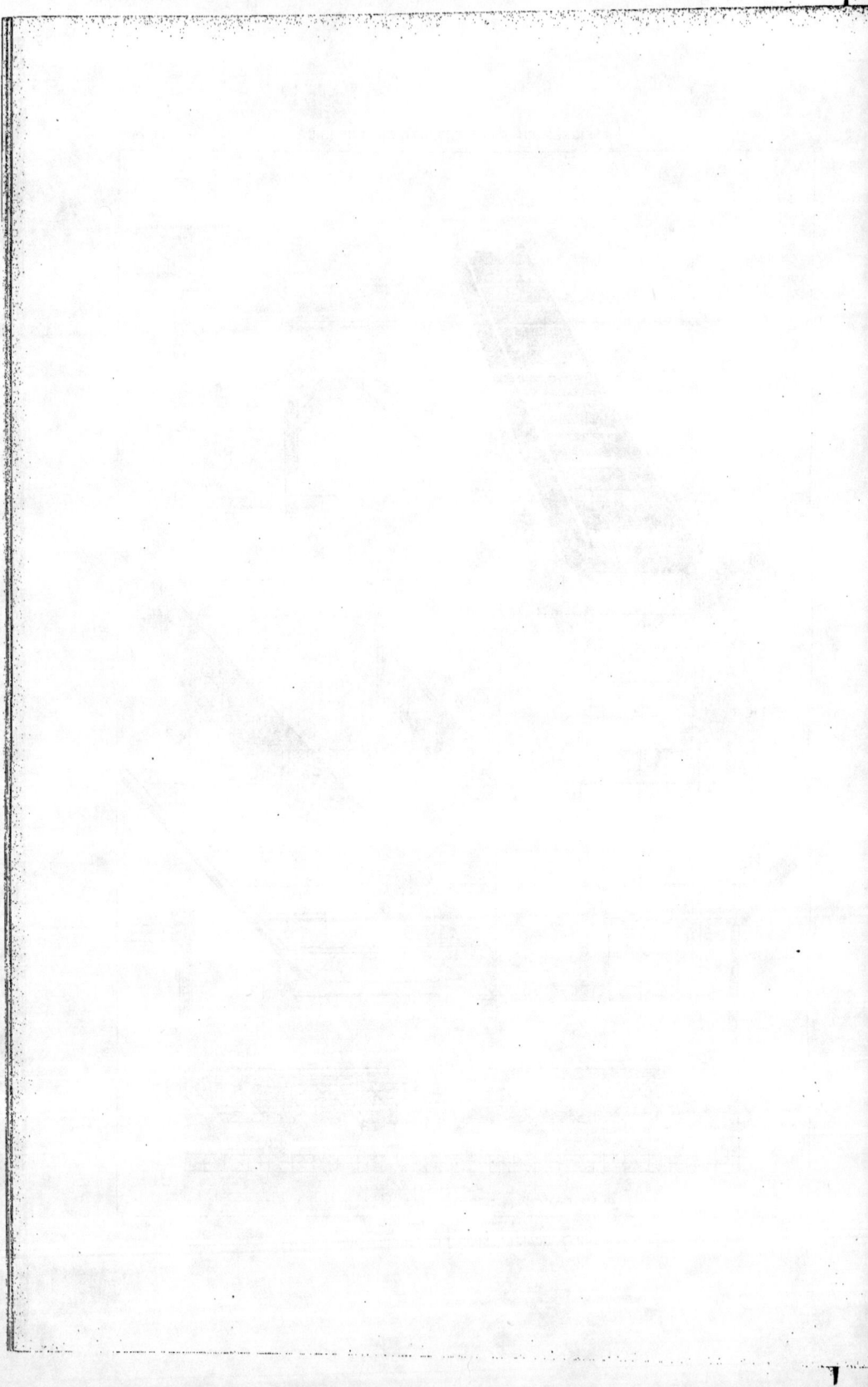

Fig. 1.

Fig. 4.

Fig. 3.

Fig. 2.

Détails
demi grandeur d'exécution

Fig. 5.

Fig. 8.

Fig. 7.

A

Fig. 6.

Fig. 9.

D

Echelle d'ensemble de 0m10 pour 1m.

L. Courtier, 13, rue de Dunkerque, Paris.

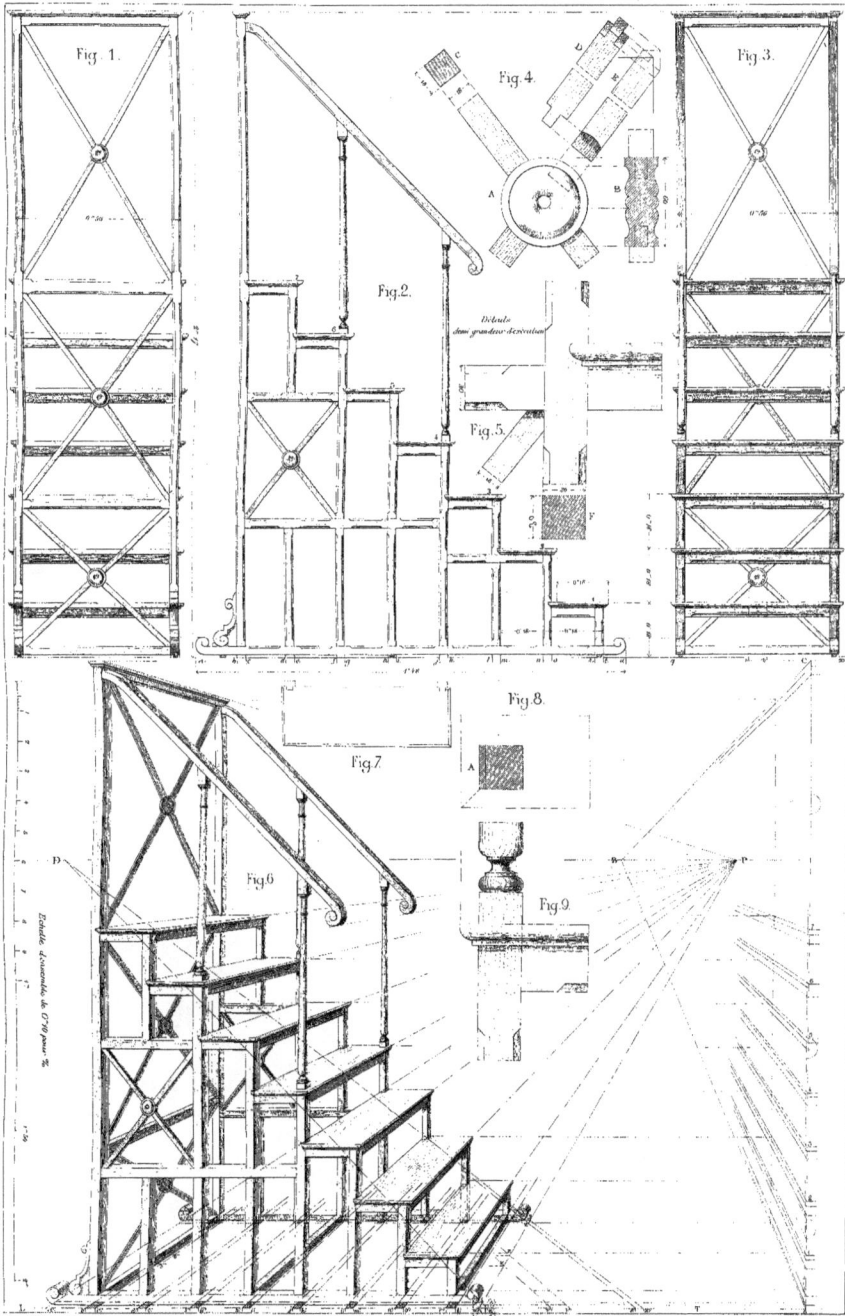

ESCABEAU A RAMPE FIXE POUR BIBLIOTHÈQUE OU MAGASIN

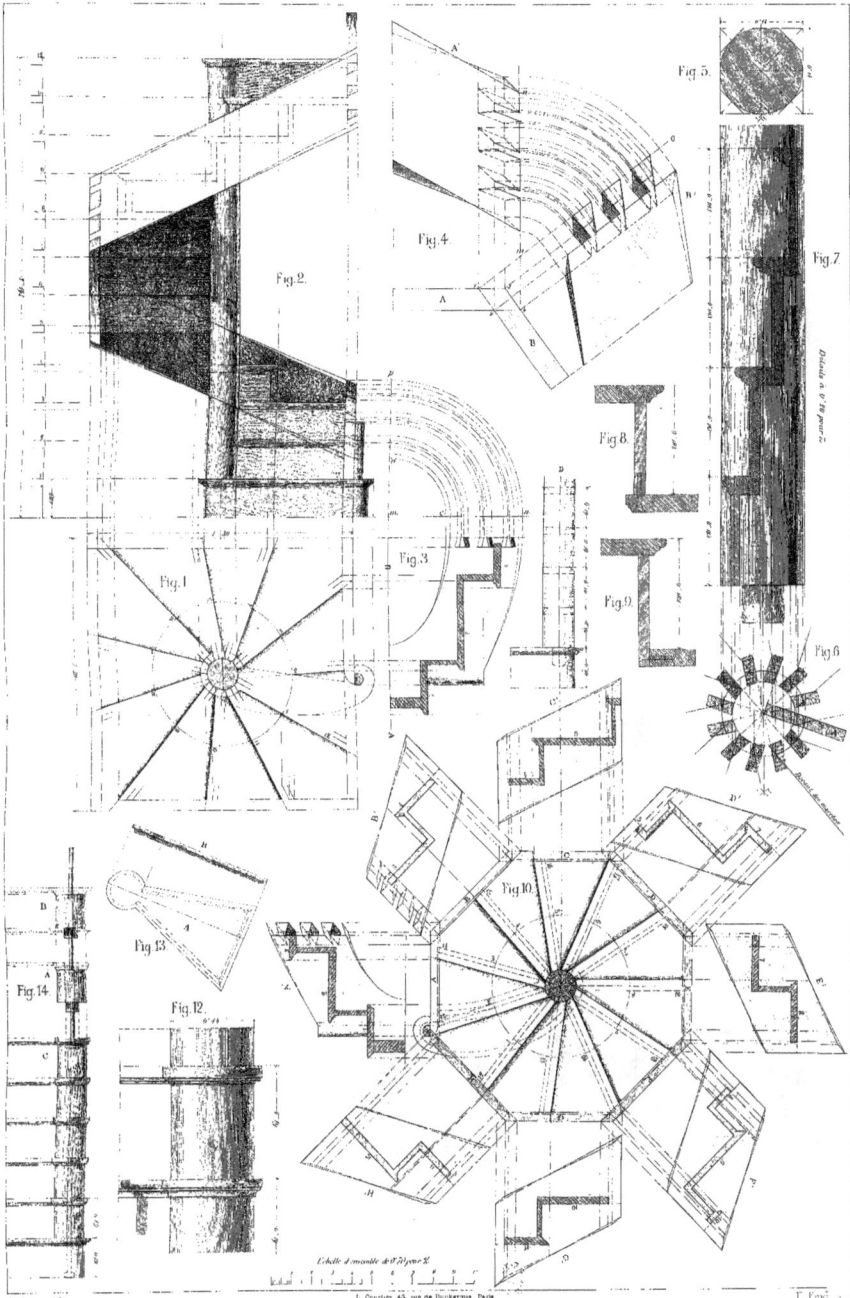

Fig. 1. Fig. 2. Fig. 3. Fig. 4. Fig. 5. Fig. 6. Fig. 7. Fig. 8. Fig. 9. Fig. 10. Fig. 12. Fig. 13. Fig. 14.

ESCALIERS A NOYAUX PLEINS, SUR PLAN CARRÉ ET OCTOGONAL, DIT ESCALIERS A VIS St GILLES.

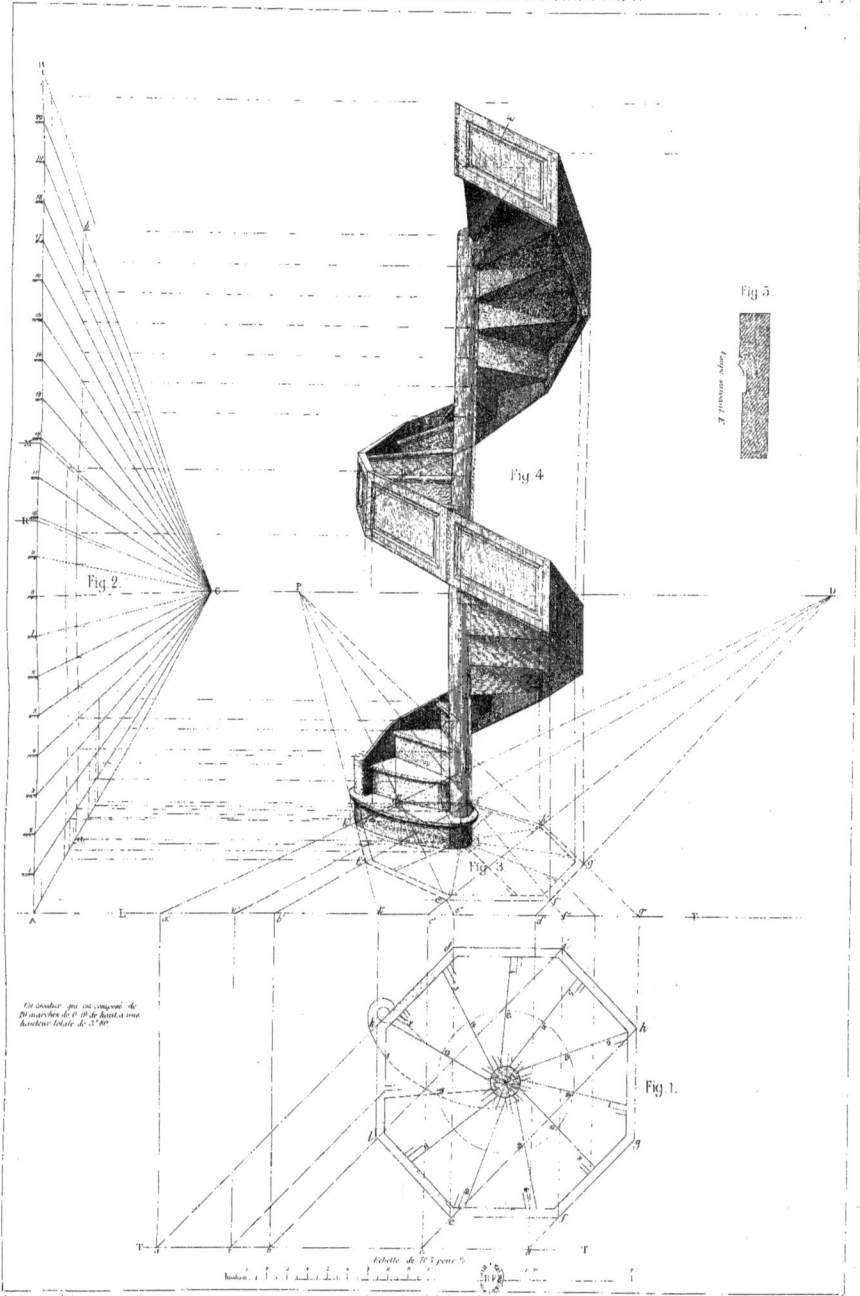

Fig. 2

Fig. 5

Fig. 4

Fig. 3

Fig. 1.

Cet escalier qui est composé de
20 marches de 0,19 de haut a une
hauteur totale de 3,80.

Échelle de 0,1 pour 1.

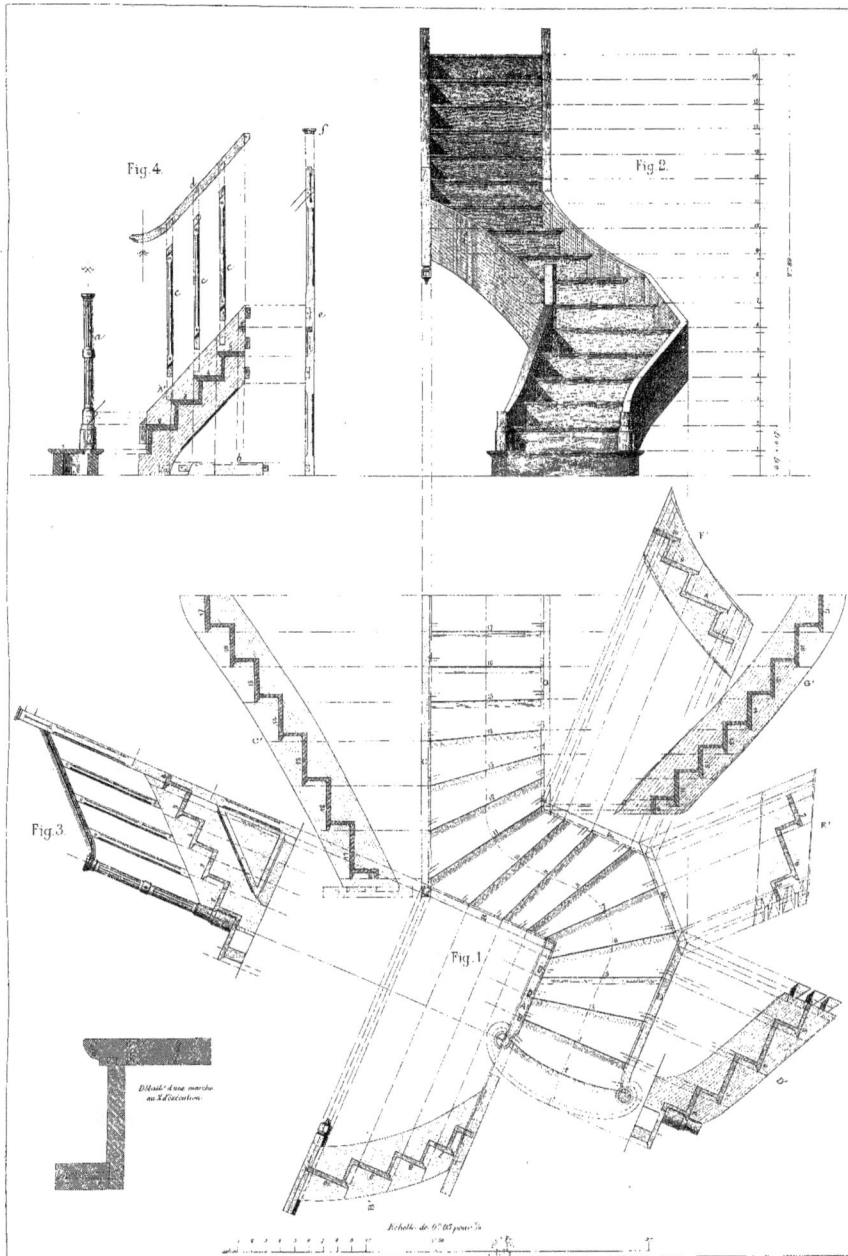

Fig. 4

Fig. 2

Fig. 3

Fig. 1

Détail d'une marche
au 5 d'exécution

Échelle de 0,05 pour 1

ESCALIER DROIT QUARTIER TOURNANT

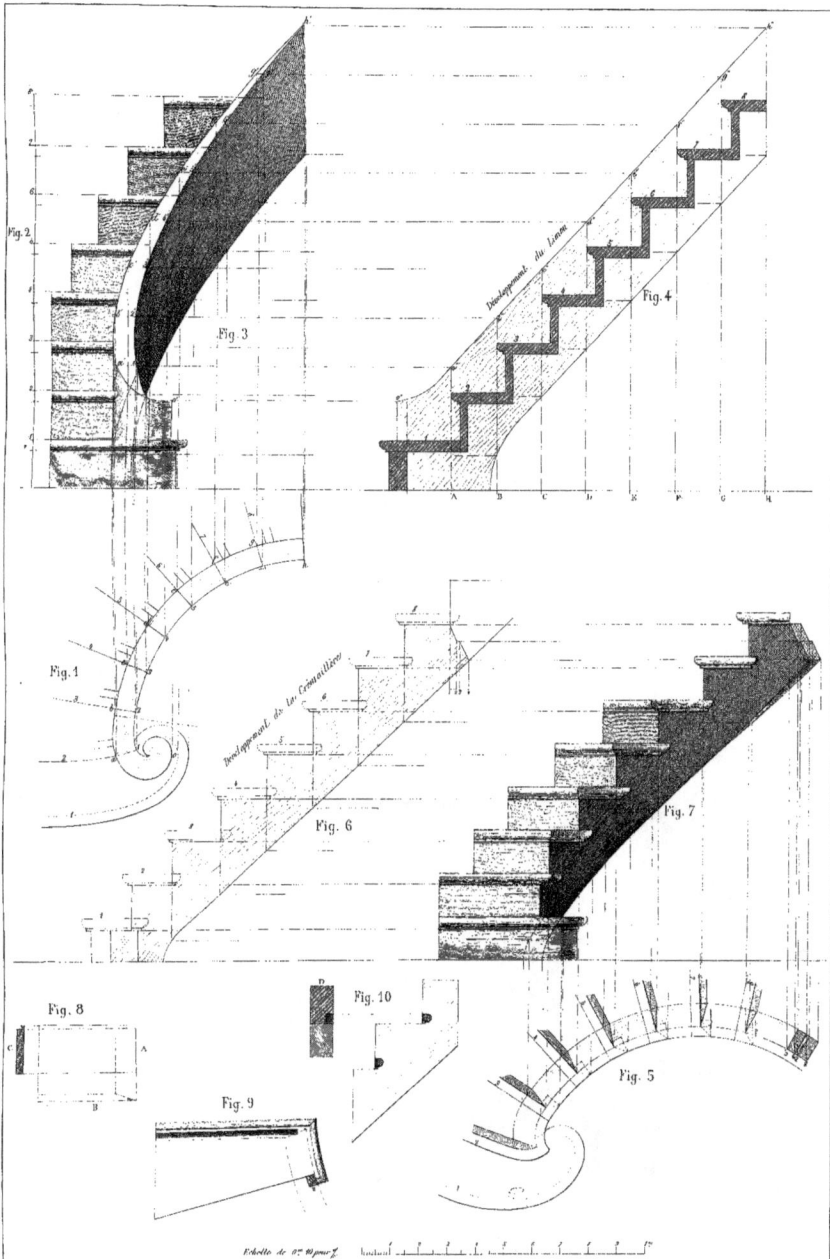

Fig. 2

Fig. 3

Fig. 4

Développement du Limon

Fig. 1

Développement de la Crémaillère

Fig. 6

Fig. 7

Fig. 8

Fig. 10

Fig. 9

Fig. 5

Echelle de 0m.05 pour 1.

L. Courtier, 43, rue de Dunkerque, Paris.

L. Jumn del   F Frid sc

MANIÈRE DE METTRE EN ÉLÉVATION GÉOMÉTRALE DES COURBES D'ESCALIERS

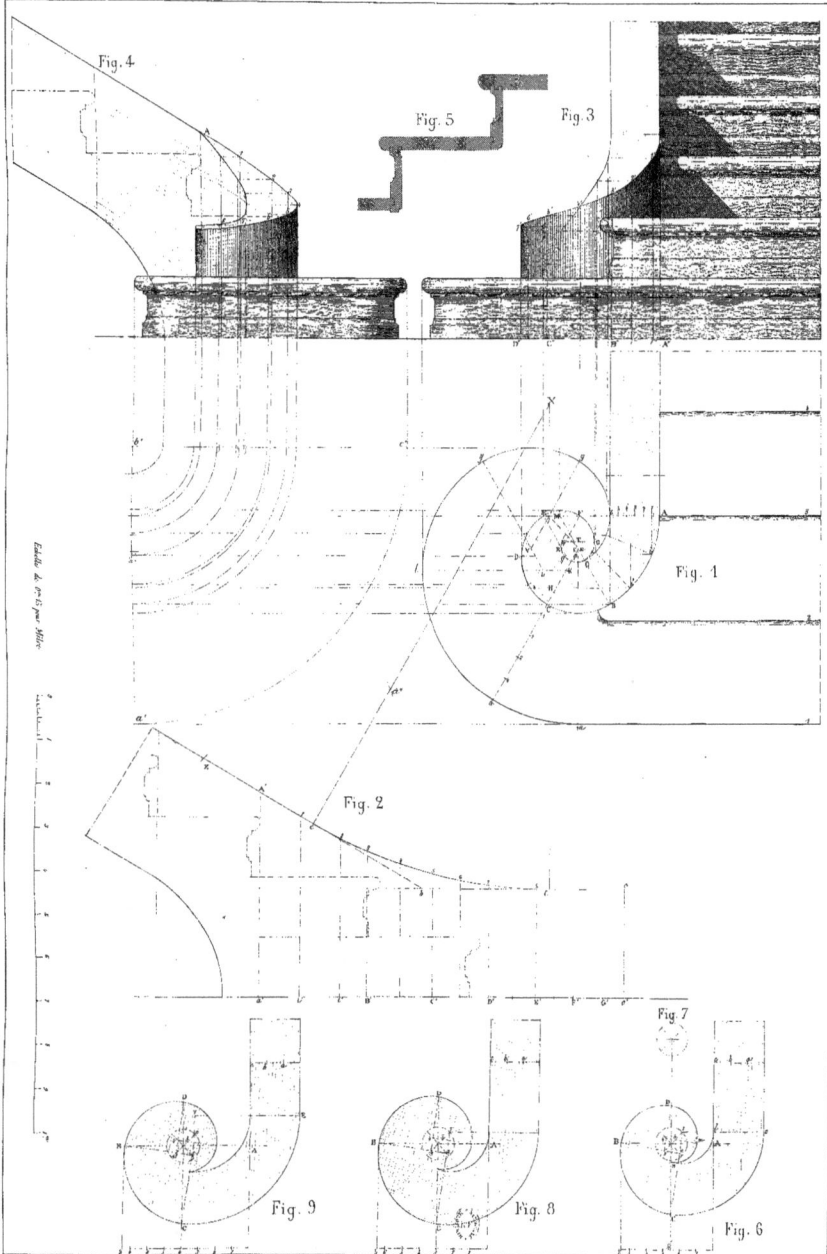

Fig. 4

Fig. 5

Fig. 3

Fig. 1

Fig. 2

Fig. 7

Fig. 9

Fig. 8

Fig. 6

L. Jamin del.   L. Courtier, 48, rue de Dunkerque, Paris.   E. Frid sc.

DIFFÉRENTES MANIÈRES DE TRACER LES VOLUTES DE LIMONS D'ESCALIER PAR OPÉRATIONS GÉOMÉTRIQUES

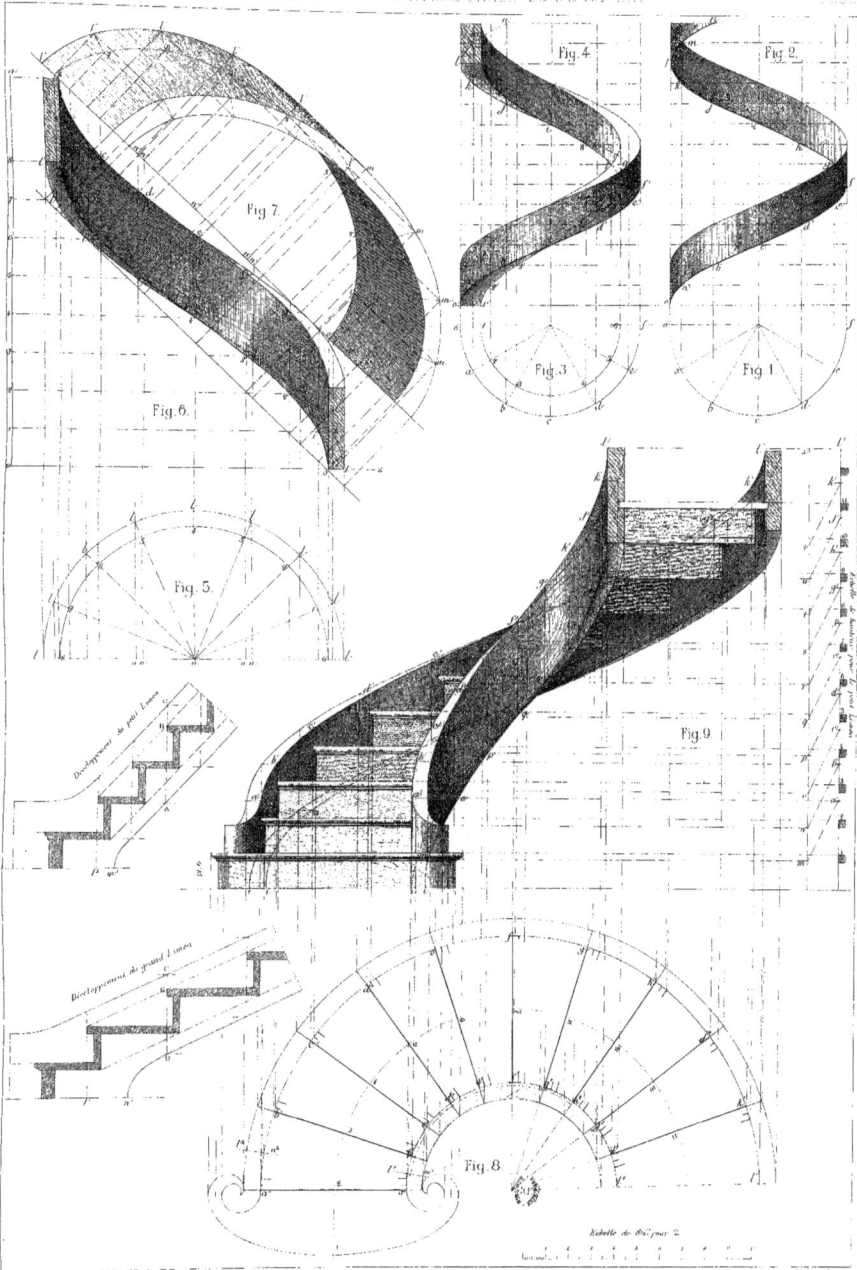

Fig. 2

Fig. 4

Fig. 7

Fig. 1

Fig. 3

Fig. 6

Fig. 5

Fig. 9

Développement de petit Limon

Développement de grand Limon

Fig. 8

Échelle de 0^m pour 1

J. Courtier, 49, rue de Vaugirard, Paris.

MANIÈRE DE METTRE UN ESCALIER CIRCULAIRE EN ÉLÉVATION GÉOMÉTRALE
ET MANIÈRE DE REPRÉSENTER UNE COURBE ET SON CALIBRE RALLONGÉ EN ÉLÉVATION

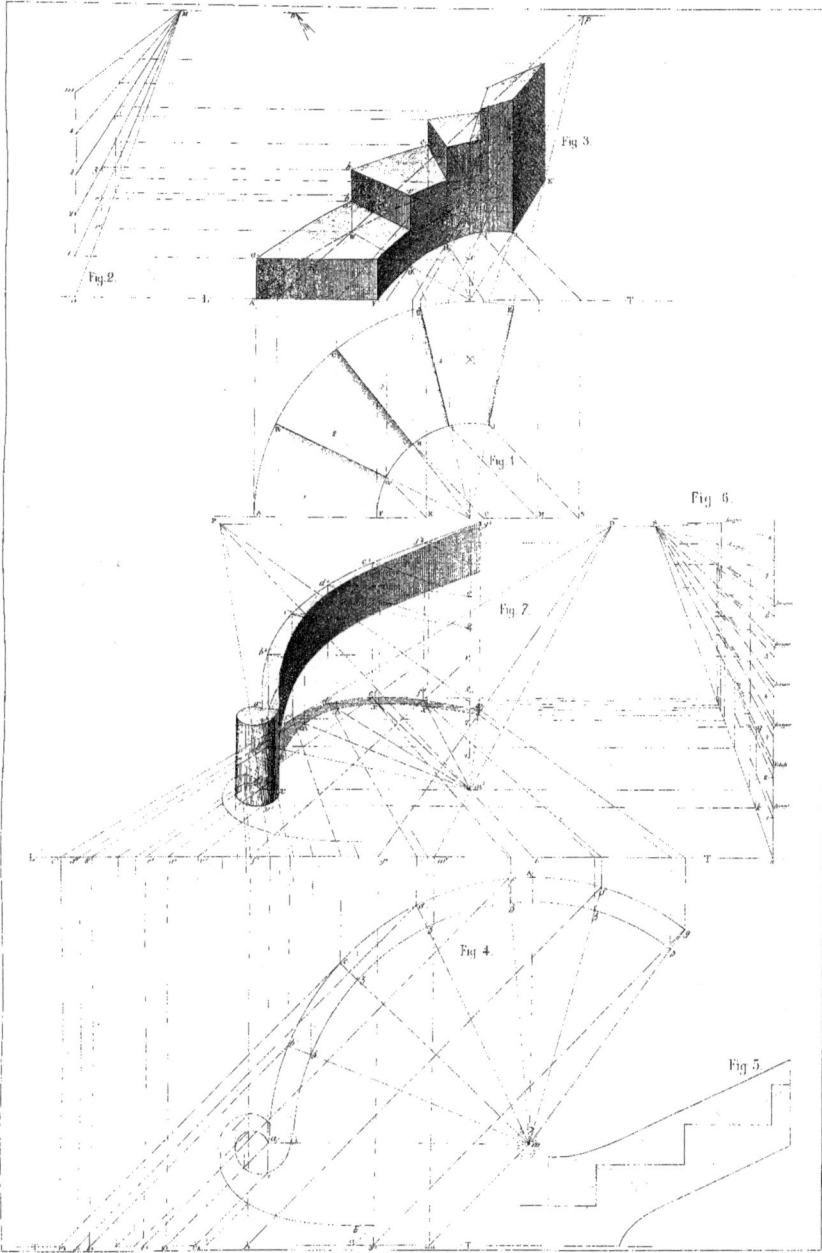

Fig. 3

Fig. 2.

Fig. 1

Fig. 6

Fig. 7

Fig. 4

Fig. 5

ÉTUDES PERSPECTIVES D'UN PERRON ET D'UN LIMON D'ESCALIER

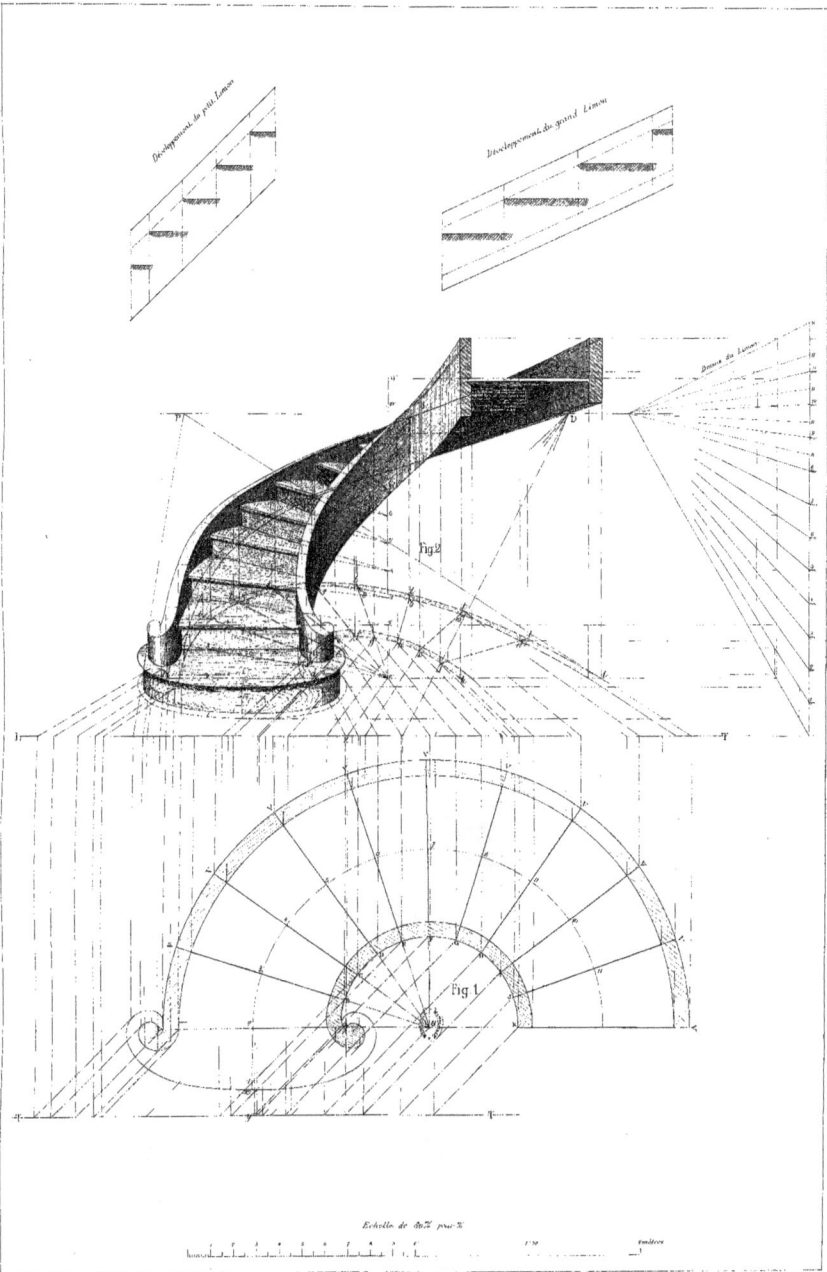

Développement du petit Limon

Développement du grand Limon

Fig 2

Fig 1

Echelle de 0m.% pour %

MANIÈRE DE METTRE EN PERSPECTIVE UN ESCALIER CIRCULAIRE

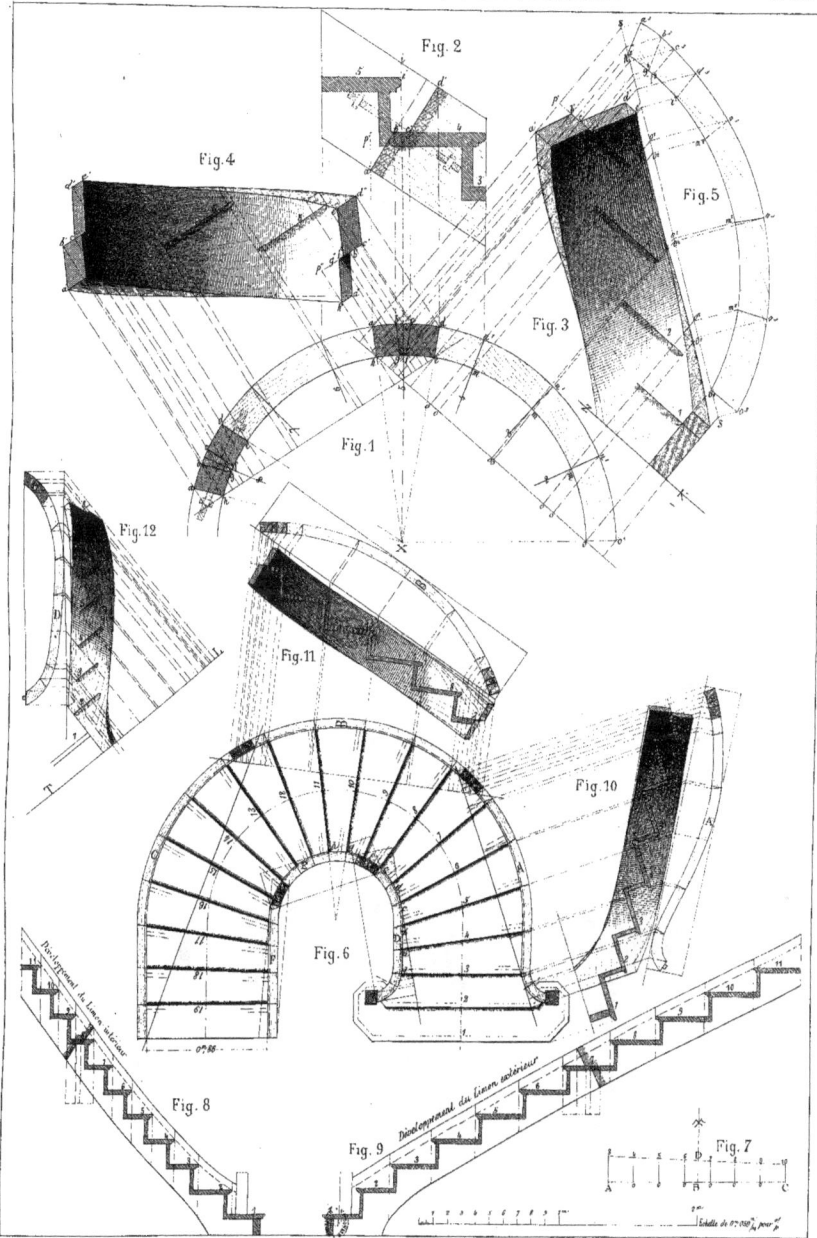

L. Jamin. del   Lemercier et Cie Rue de Seine 57.Paris.   E. Foid. sc.

APPLICATION DE LA COUPE A CROCHET ET ESCALIER EN FORME DE FER A CHEVAL

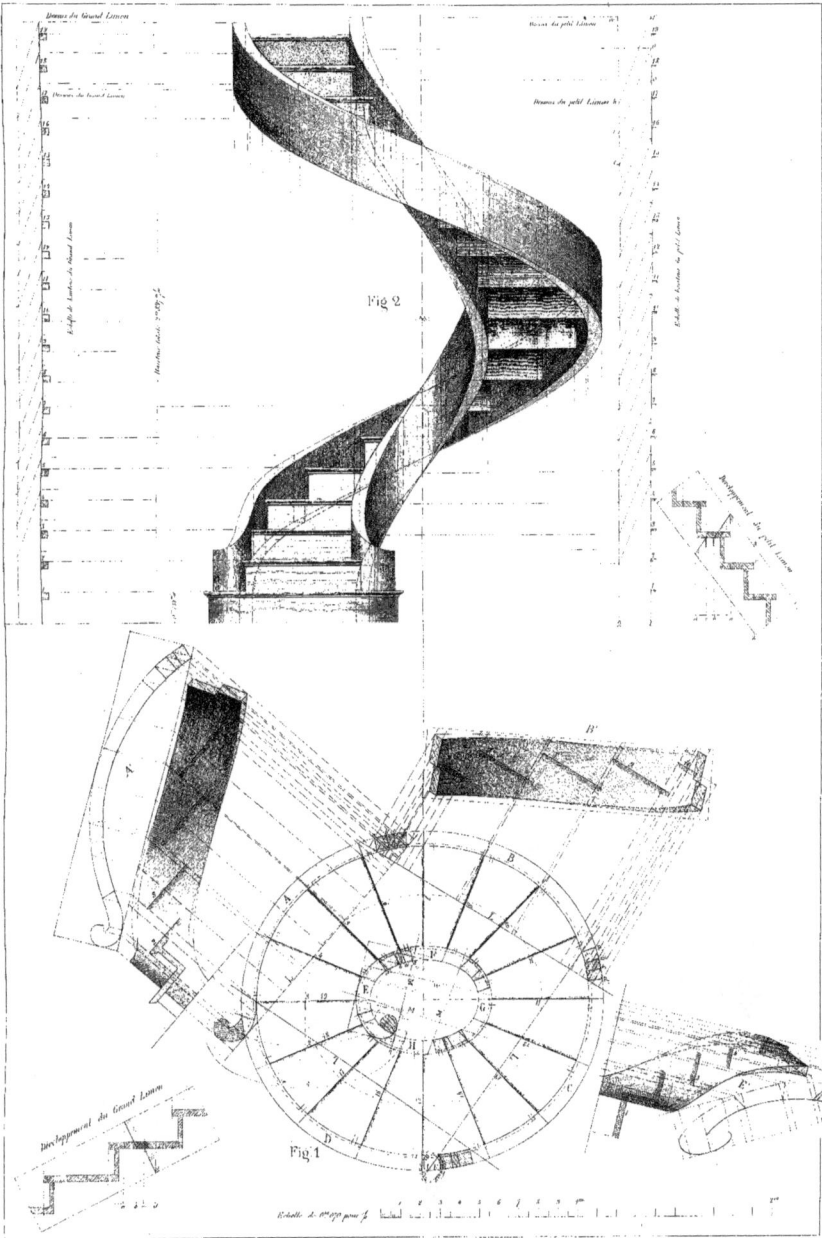

Fig 2

Fig 1

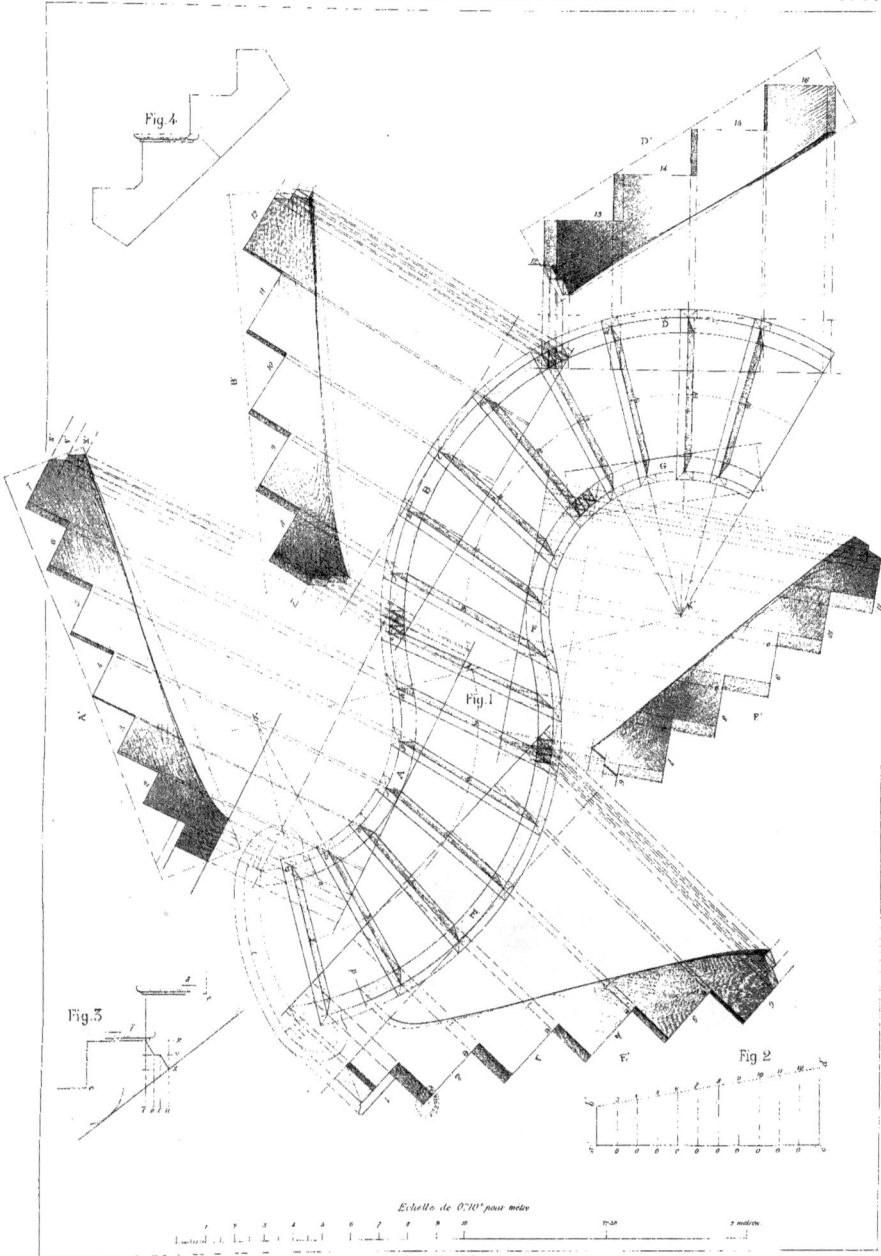

Fig. 4

Fig. 1

Fig. 3

Fig. 2

Echelle de 0.10° pour mètre

2 mètres

L. Courtier, 49, rue de Dunkerque, Paris

E. Noël sc.

EPURE ET PROJECTION DES COURBES D'UN ESCALIER

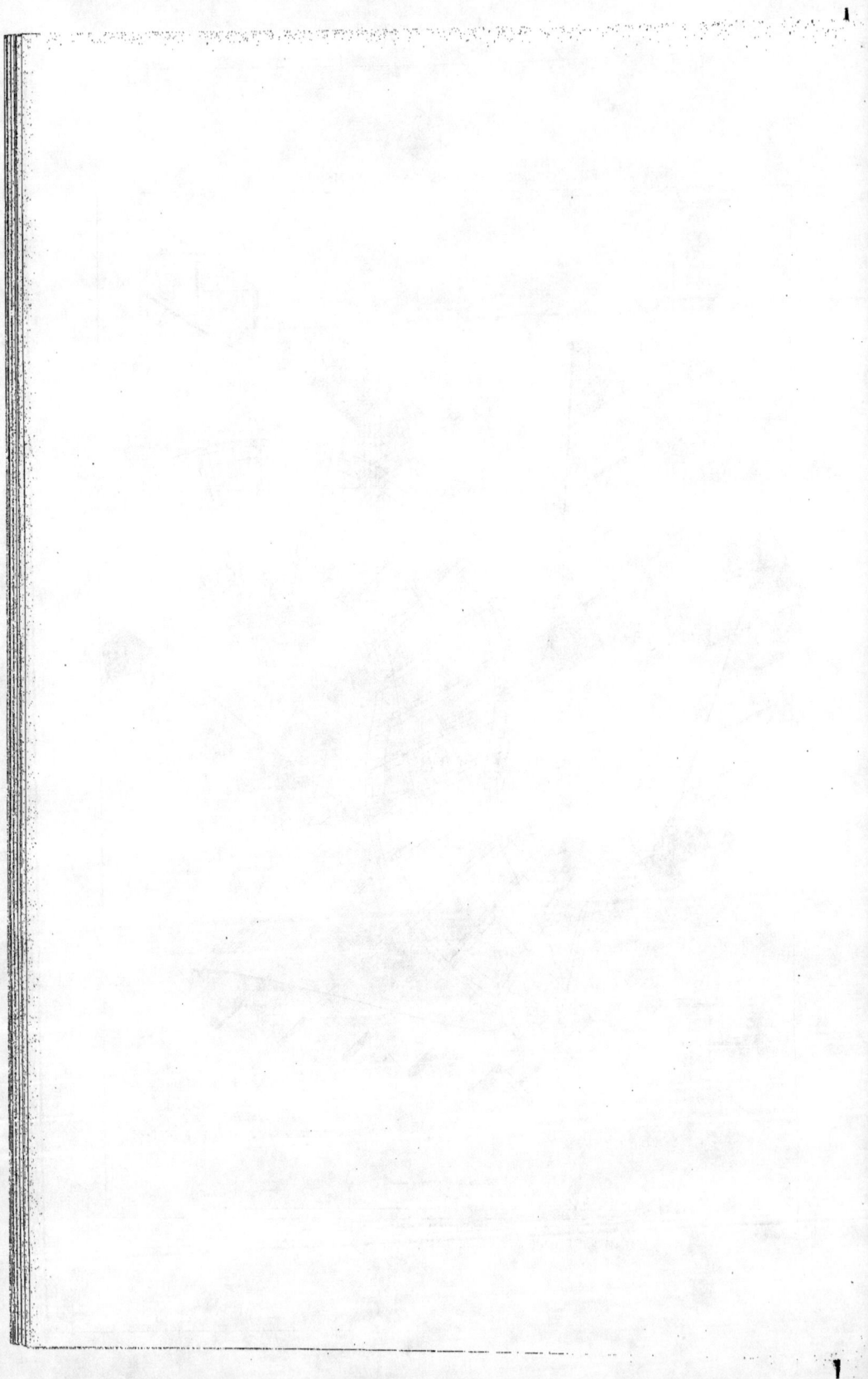

Fig. 2

Fig. 3

Fig. 1

Fig. 4

Plan d'ensemble à 0^m,020 pour %

Echelle de 0,0^f pour %

L. Jamin del.   L. Courtier, 43, rue de Dunkerque, Paris.   E. Brad sc.

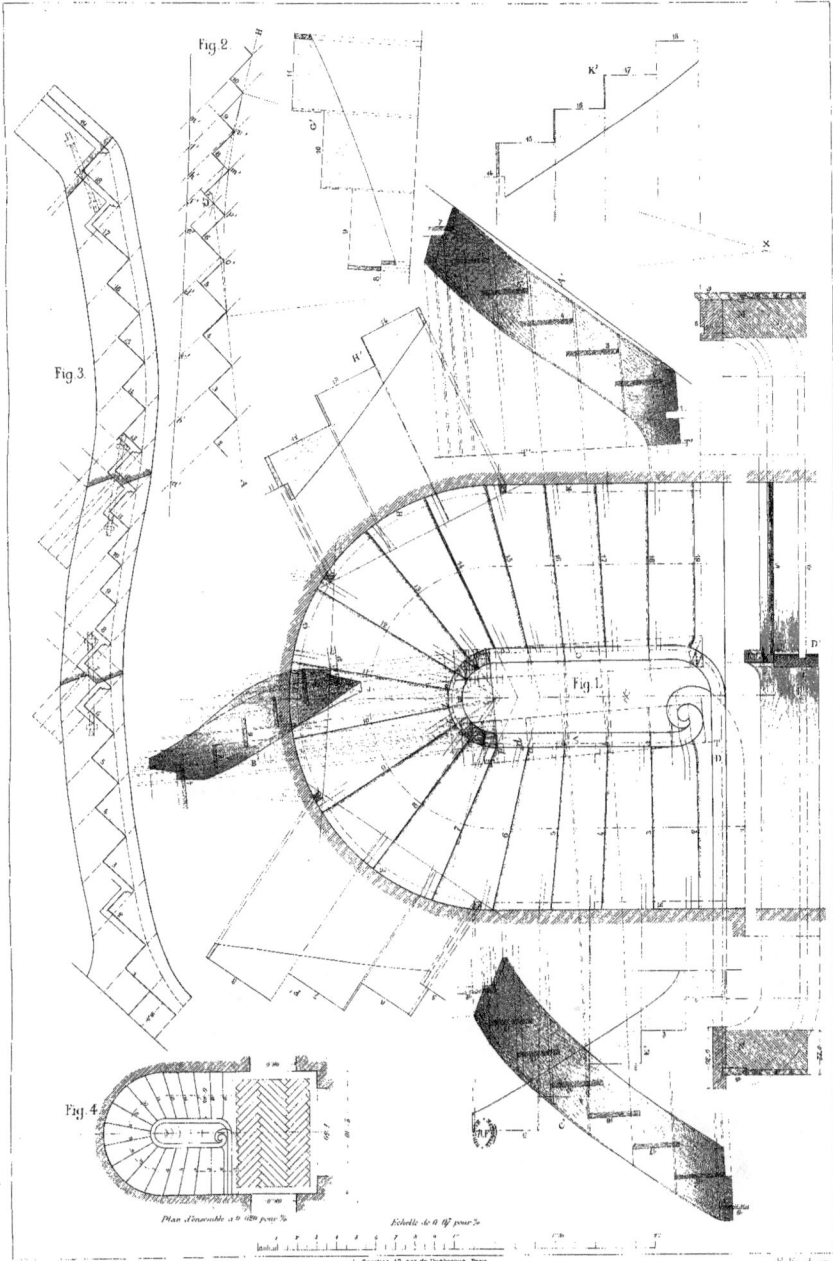

ESCALIER MIXTE A LIMON DANS UNE CAGE EN FORME D'HÉMICYCLE

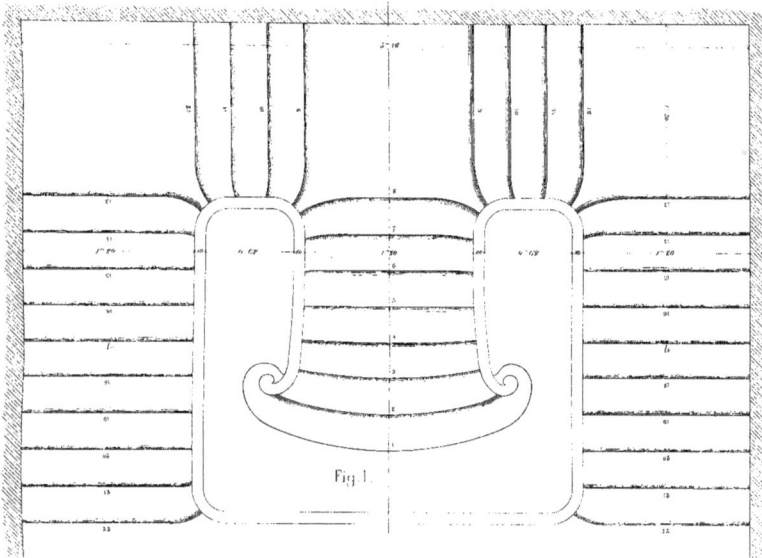

Fig. 1.

Fig. 3.

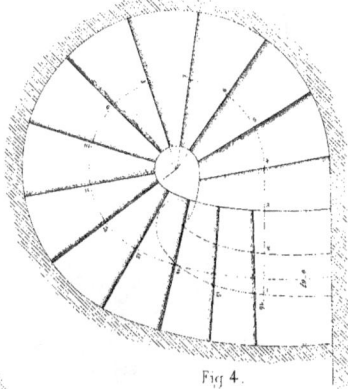

Fig 4.

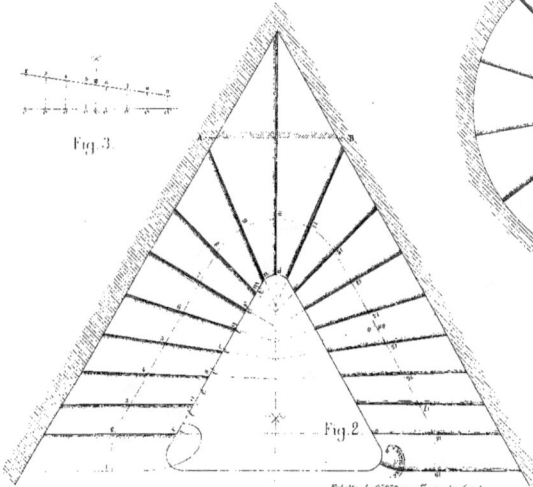

Fig. 2.

L. Gounaud, 44, rue de Rochechouart, Paris.

DIFFÉRENTES ÉPURES D'ESCALIERS

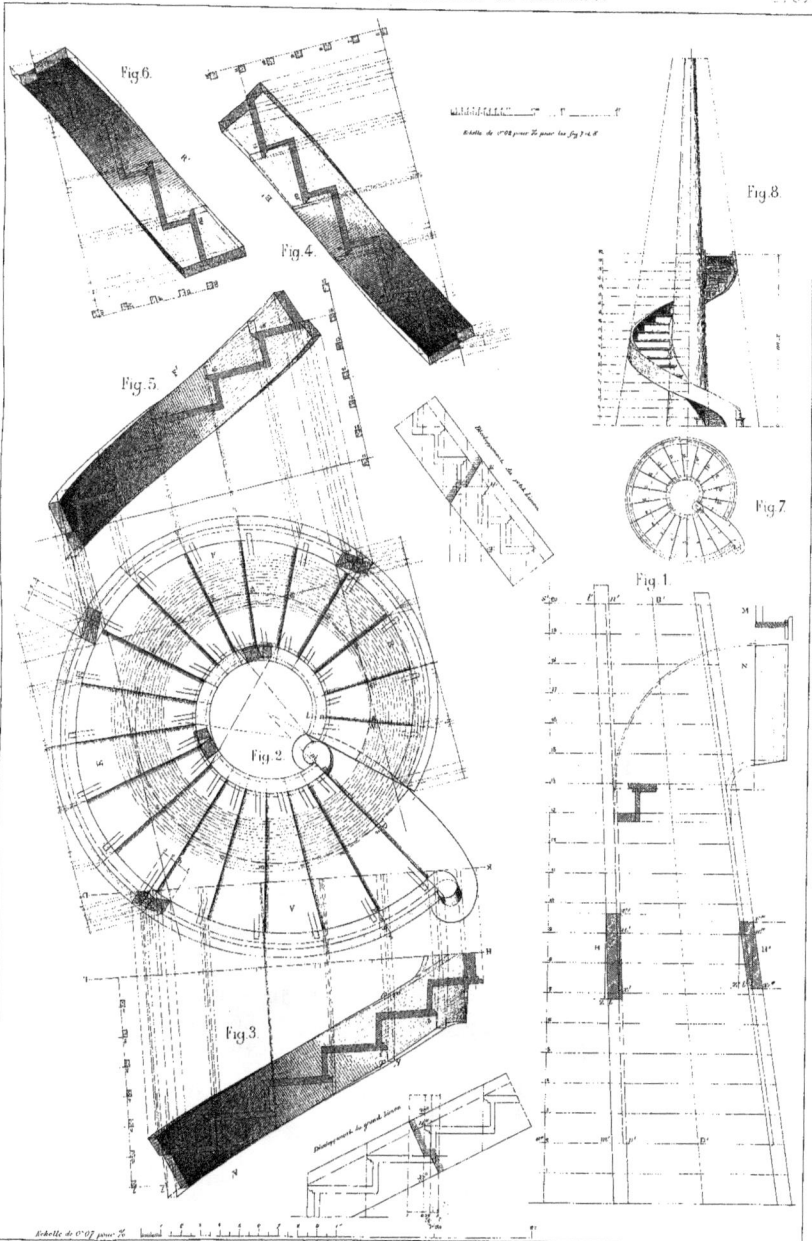

Fig. 6.

Fig. 4.

Fig. 5.

Fig. 8.

Fig. 7.

Fig. 1.

Fig. 2.

Fig. 3.

ESCALIER CONIQUE

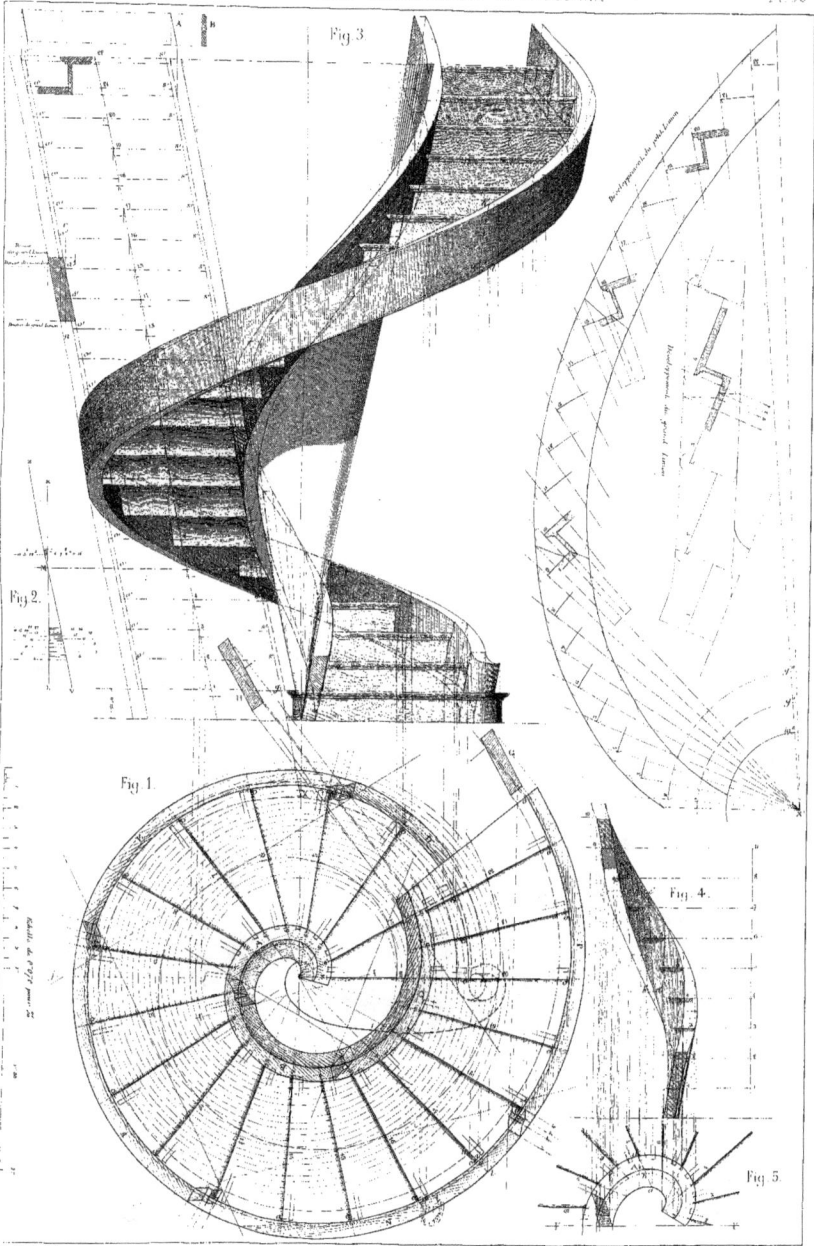

Fig. 3.

Fig. 2.

Fig. 1.

Fig. 4.

Fig. 5.

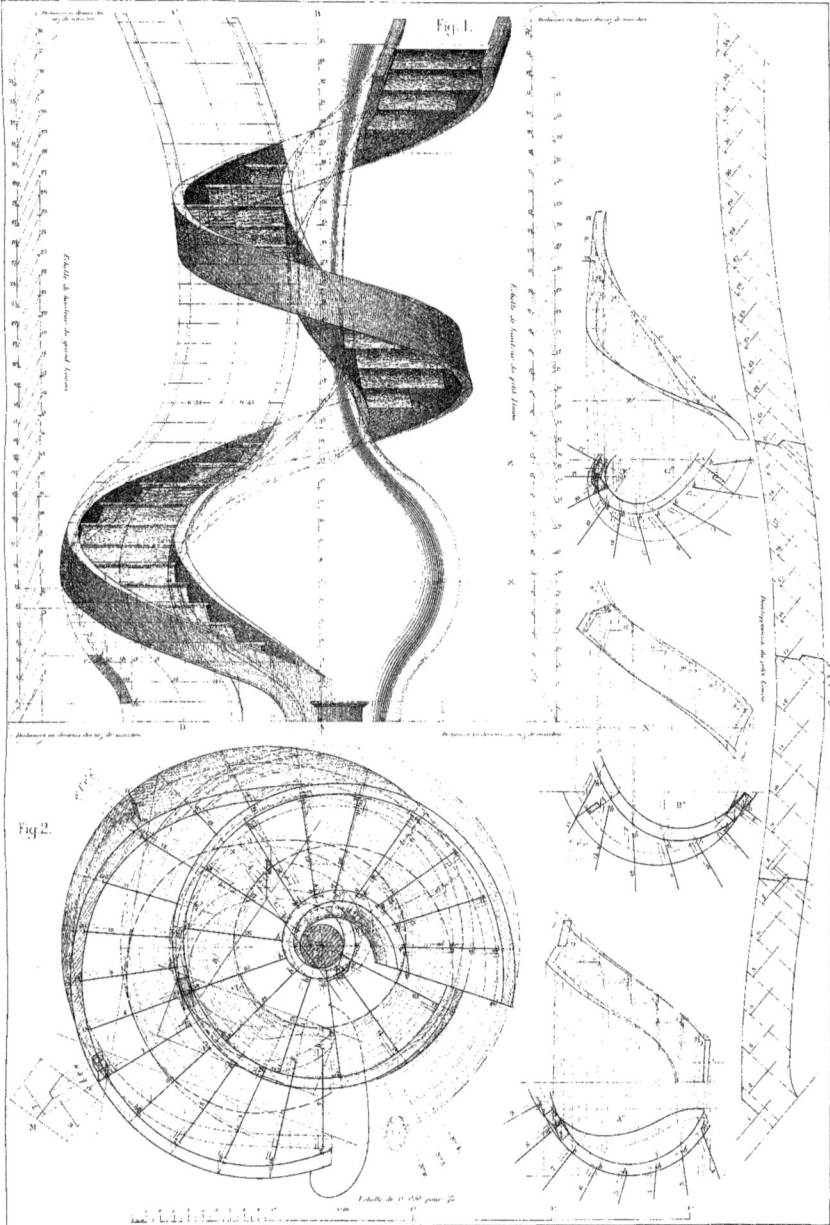

Fig. 1.

Fig. 2.

ESCALIER TOURNANT AUTOUR D'UN VASE DE FORME QUELCONQUE.

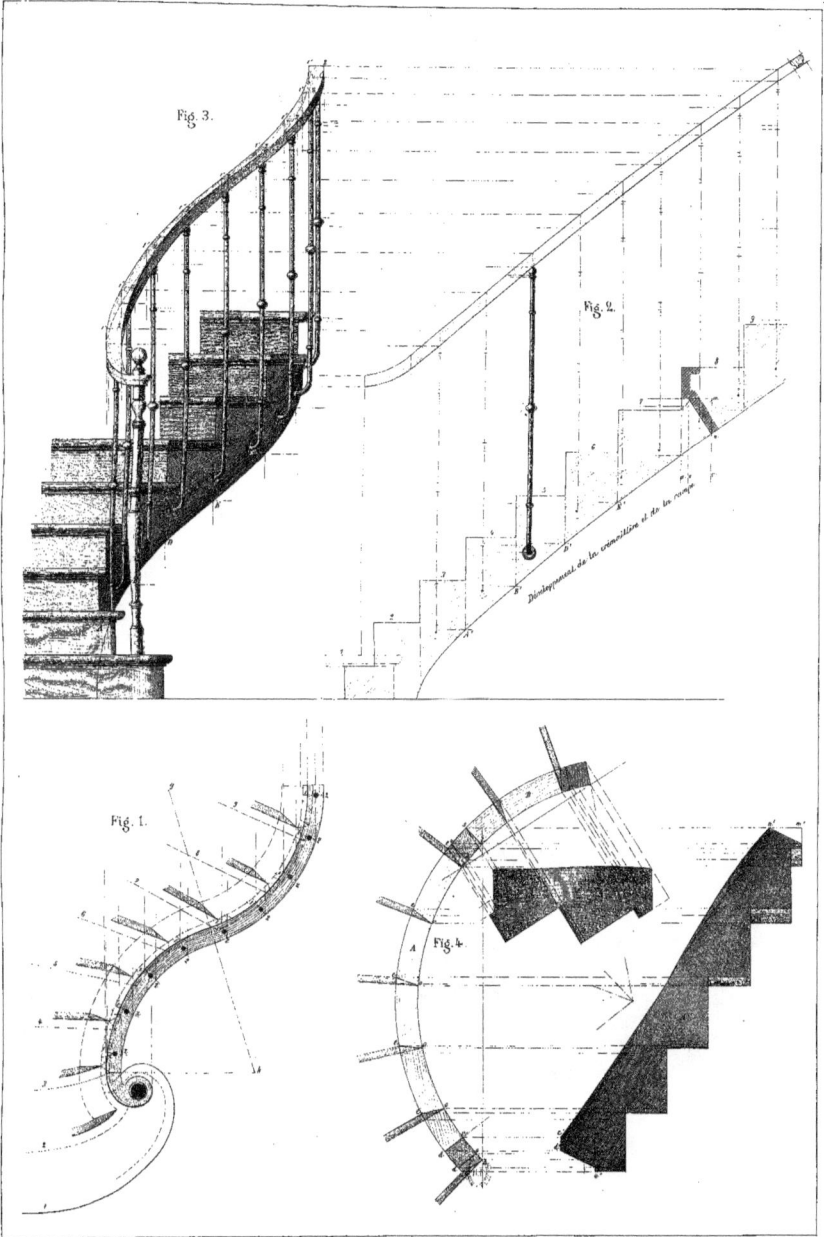

Fig. 3.

Fig. 2.

Développement de la crémaillère et de la rampe

Fig. 1.

Fig. 4.

L. Jamin del   Lemercier et C.ᵉ, Rue de Seine, 57 Paris   E. Prié sc

MANIÈRE DE METTRE UNE RAMPE D'ESCALIER EN ÉLÉVATION GÉOMÉTRALE. PROJECTIONS DE COURBES À COUPE DE PIERRE.

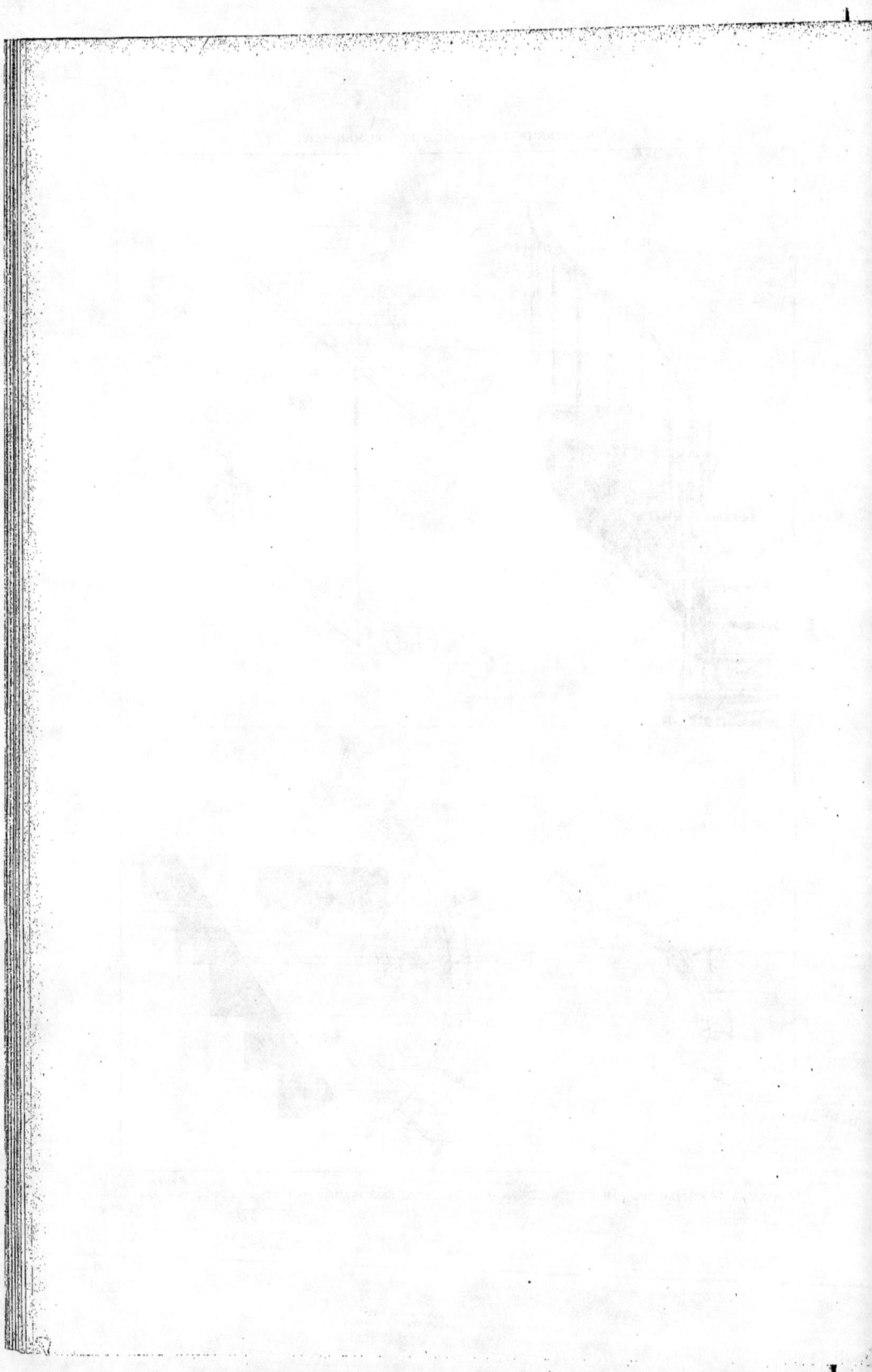

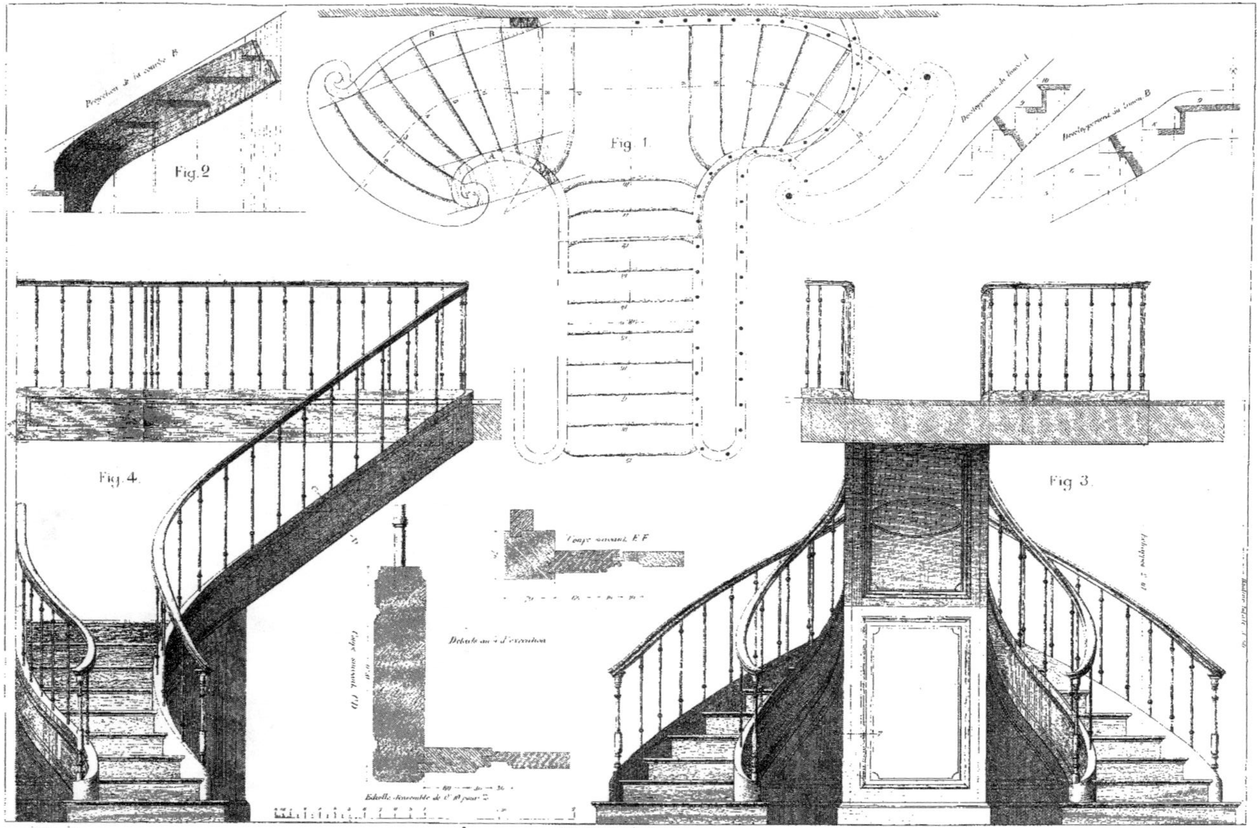

Fig 1

Fig 2

Fig 3

Fig 4

Coupe suivant EF

Coupe suivant CD

Détails sur l'arrachant

Échelle dessinée de O^m1 pour 1

Échelle dessinée de O^m1 pour 1

ESCALIER POUR MAGASIN OU CAFÉ

Fig. 3.

Fig. 2.

Fig. 5.

Fig. 4.

Fig. 7.

Fig. 1.

Fig. 6.

Bibliothèque

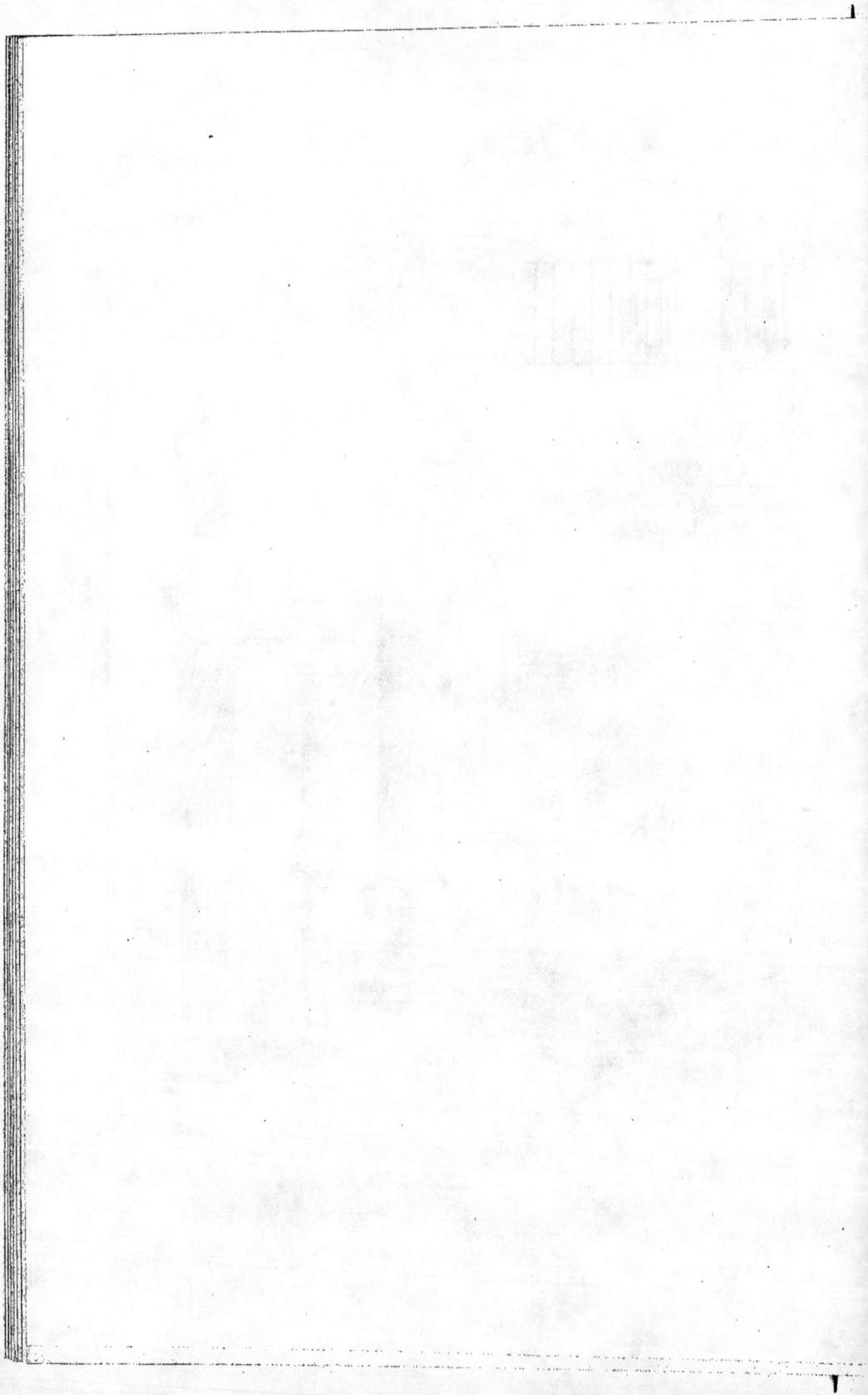

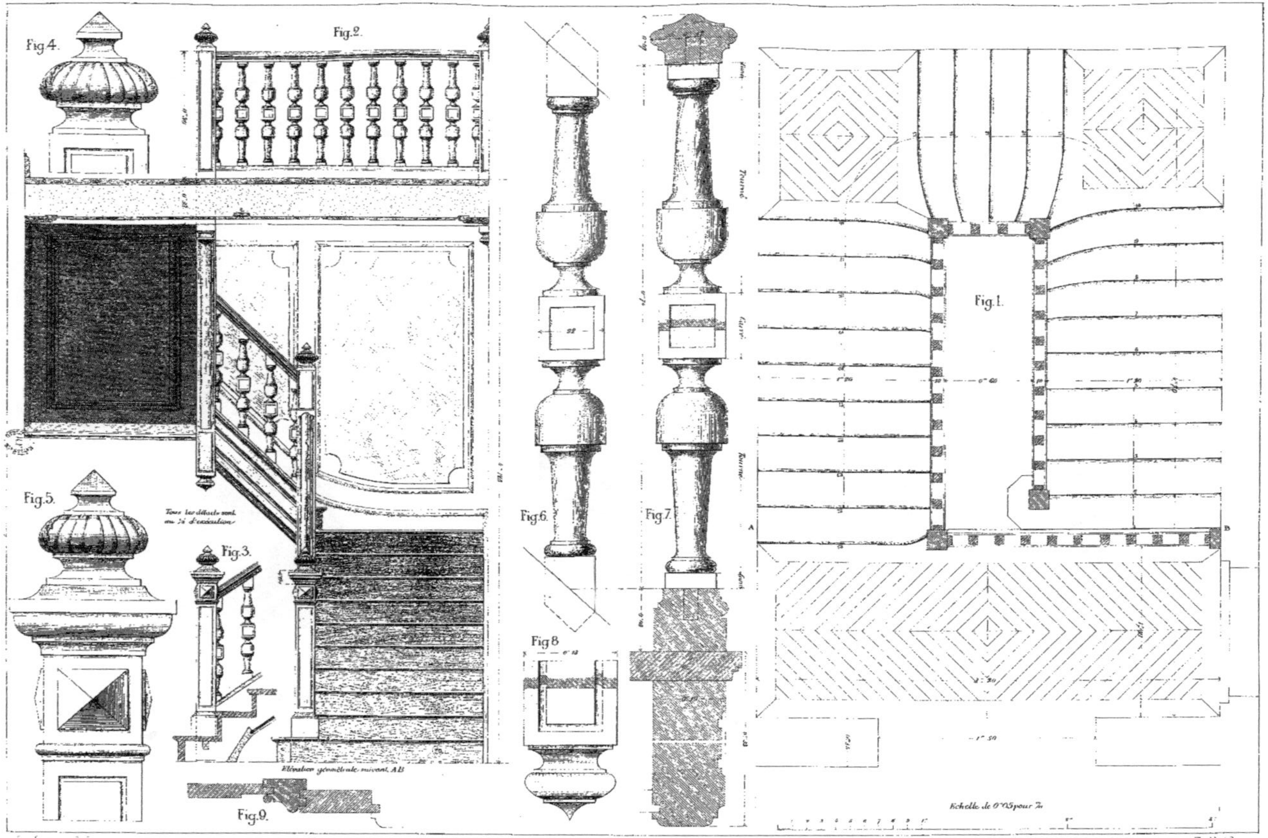

L'ENSEIGNEMENT PROFESSIONNEL DU MENUISIER

Fig. 1.

Fig. 2.

Fig. 3.

Fig. 4.

Fig. 5.

Fig. 6.

Fig. 7.

Fig. 8.

Fig. 9.

Échelle de 0.05 pour 1.

Tourné

Carré

Tourné

G. Jeanjan del.

Gravant, 23, rue du Dragon, Paris

Élévation suivant A B

Fig. 2.

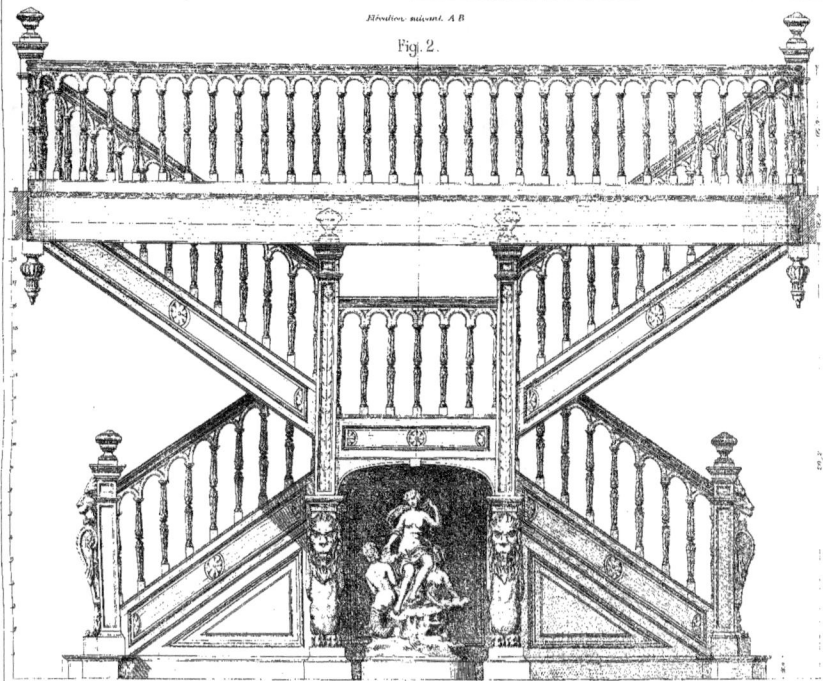

Échelle de 0^m050 pour 1^m

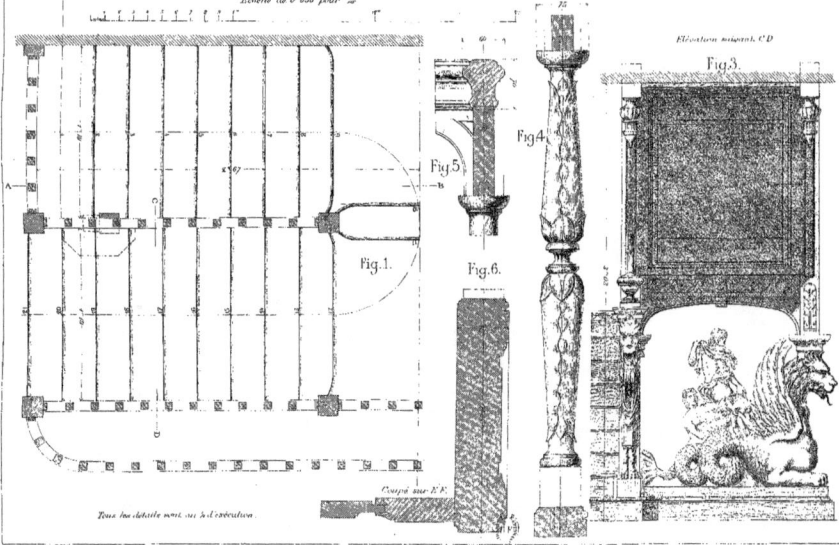

Fig. 1.

Fig. 4.

Fig. 5.

Fig. 6.

Élévation suivant C D

Fig. 3.

Coupé sur E F.

Tous les détails sont au 1/5 d'exécution.

ESCALIER A LIMONS DROITS POUR HOTEL, GRAND MAGASIN OU CAFÉ

Fig.2.

Fig.1.

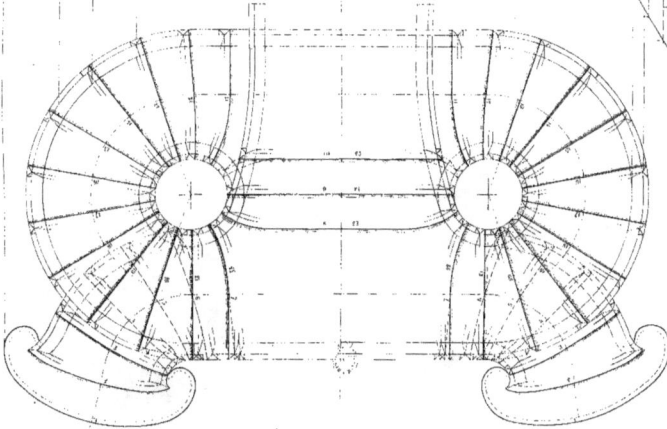

Échelle de 0m.08 pour 1m.

L. Gautier, 43, rue de Sèvres, Paris.

ESCALIER A DOUBLE RÉVOLUTION

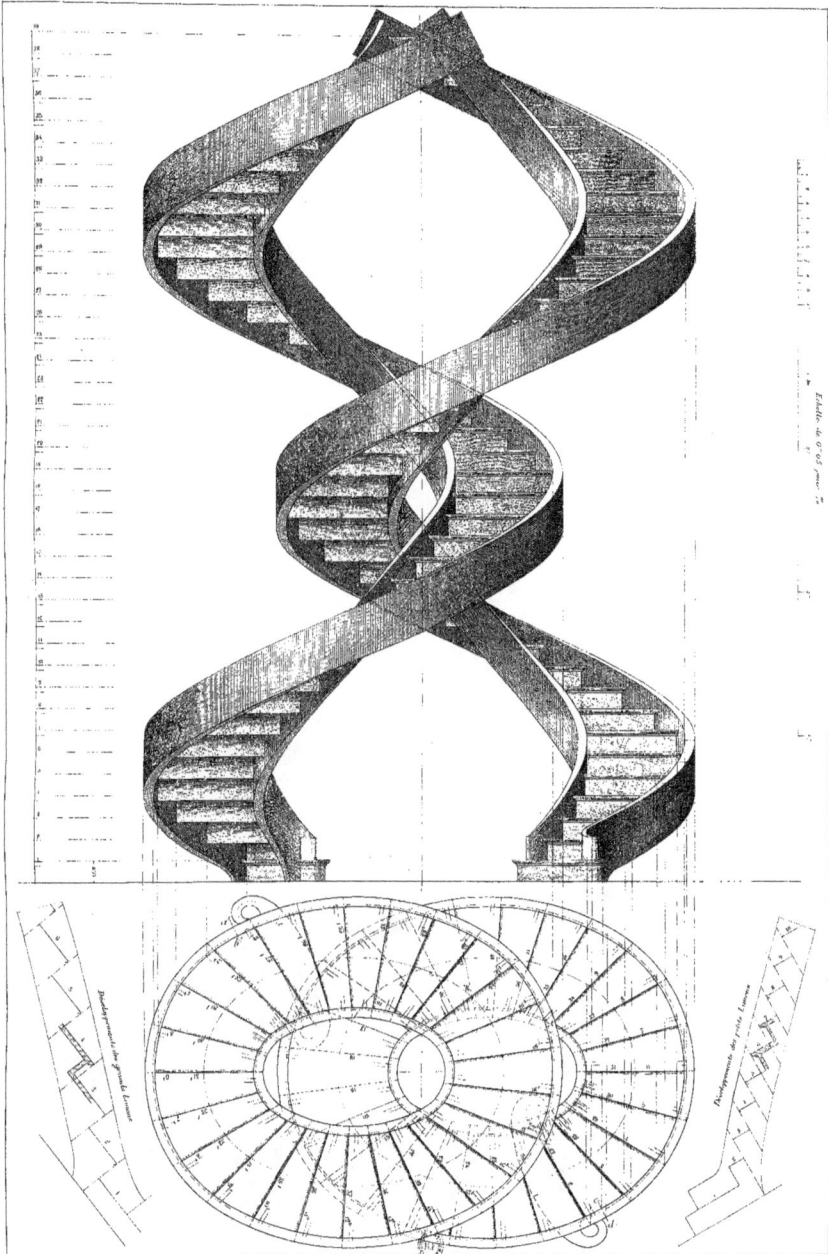

L. Jamin del.   J. Guertint, 43, rue de Dunkerque, Paris   N. Frid. sc.

ESCALIER A DOUBLE DÉPART ENLACÉ

ESCALIER A DOUBLE DÉPART POUR MAGASIN OU CAFÉ

L. Jamin. del.

E. Frid. sc.

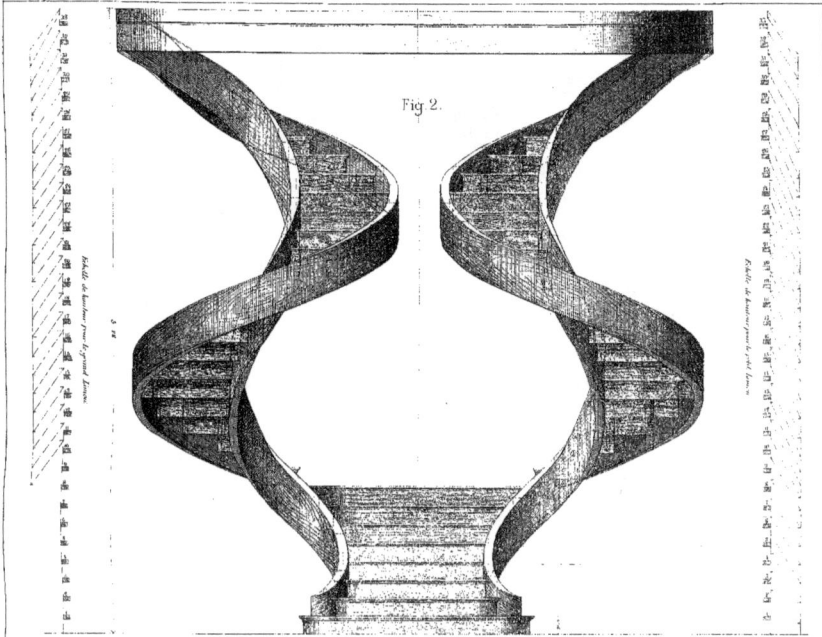

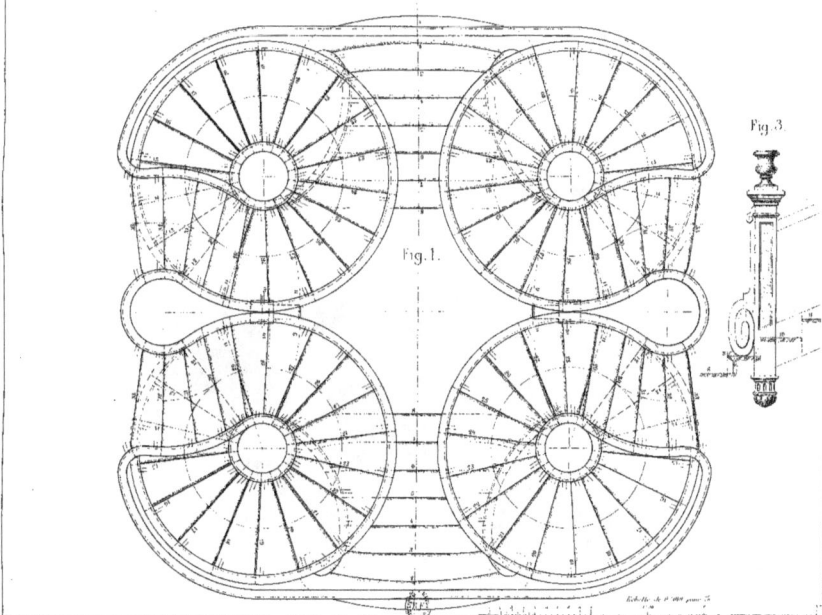

Fig. 2.

Fig. 1.

Fig. 3.

ESCALIER POUVANT DESSERVIR SÉPARÉMENT UN OU PLUSIEURS APPARTEMENTS.

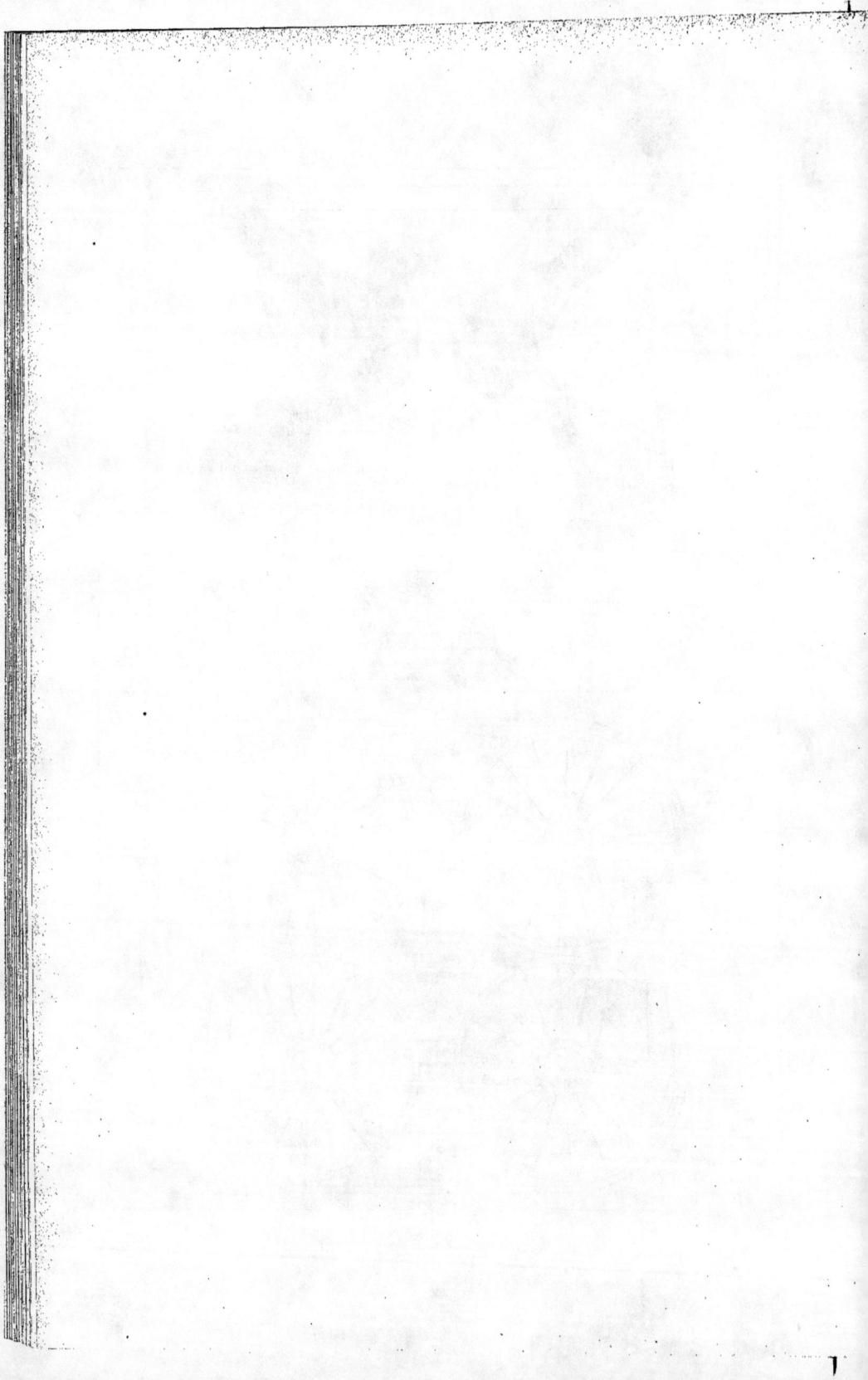

TABLE DES PLANCHES

CONTENUES DANS CE PREMIER VOLUME

www.ingramcontent.com/pod-product-compliance
Lightning Source LLC
Chambersburg PA
CBHW070544200326
41519CB00013B/3118